# 바보들의 시대
## 아인슈타인과 윌리암 헤르만의 대화

# 바보들의 시대
아인슈타인과 윌리엄 헤르만의 대화

초판발행 · 2016년 7월 7일

지 은 이 · 윌리엄 헤르만
옮 긴 이 · 조환/석상인(장석환)

발 행 인 · 김윤태
발 행 처 · 도서출판 선
편     집 · 오경애

등록번호 · 제 15-201호
등록일자 · 1995년 3월 27일

주     소 · 서울시 종로구 삼일대로 30길 21 종로오피스텔 1218호
전     화 · 02-762-3335  팩스 02-762-3371
E-mail · sunytk@hanmail.net

# 바보들의 시대

## 아인슈타인과 윌리암 헤르만의 대화

윌리엄 헤르만 지음
조환 · 석상인 옮김

# 바보들의 시대……, 아인슈타인에게 길을 묻다

새천년을 장엄하게 넘어선 지금의 21세기는 모든 면에서 구시대를 극복하고 추월했다. 그야말로 어제가 바로 구시대가 되는 시기, 촌각을 다투어 기술의 팽창점을 향해 빛의 속도로 달려가고 있다. 우리는 지금 그런 시대에 살고 있다. 그것은 경이롭다 못해 두렵기까지 하다.

그러나 그런 이면의 반대편에는 '마음의 문제'가 극명하게 대두되고 있다. 세계의 모든 석학들이 이런 현상에 대해 끊임없이 문제를 제기하고 있다. 이것은 학문의 경계를 넘어서고자 하는 일련의 노력에서부터 학문의 통합까지도 겨냥하고 있다.

그런 문제에 앞서 비약적인 기술의 발전에도 불구하고 과학과 기술을 경시하는 풍조가 만연하는가 하면 그와 더불어 인문학과 사회학을 지망하는 사람들이 점점 줄어들고 있는 우리나라의 사정은 또 어떤 현상이라고 제대로 설명할 수 있을 것인가?

이것은 오직 성장을 위한 바로미터로 기술의 성과가 가지는 가시적인 효과가 사람들의 눈을 현혹하기 때문일 것이다. 기술이 발달할수록 마음이나 정서의 문제, 가장 근본적인 물음이나 인간적인 회의에 대해서는 그 반대로 거리가 상대적으로 멀어지기 마련이다.

그런 이유 때문에 사람들은 시도 때도 없이 공허를 느끼거나 정신적인 빈곤을 느끼게 된다. 물질적 풍요가 해결해 주지 못하는 문제들이 도처에서 발생하는 것은 기술이 만들어 놓은 사람들과의 관계단절이나 다양성의 부재 때문일 것이다. 실상 핸드폰이나 컴퓨터의 화상기술이 더욱더 간편하게 사람들을 쉽게 만나고 다양한 부류의 사람들을 접하게 만드는 것은 사실이다. 그러나 거기에는 인간의 체온이 없고 생물학적인 다양한 감정의 흐름이 소통하지 않기 때문에 결국에는 능률 위주의 사무적인 관계만이 남게 되는 것이다.

컴퓨터 인공지능의 문제에 이르게 되면 사람들은 어느 정도 절망의 기분도 느끼게 된다. 우리는 그런 일이 실제로 일어나지는 않으리라 믿고 있지만 영화에서는 물론 논리적이고 체계적인 상상을 통해 그런 일을 간접적으로 경험하는 경우가 수없이 많다. 그러다 보니 현실과 공상을 착각하는 일까지 일어나서 이를 분간할 수 있는 명징한 지성을 갖추기가 쉽지가 않다.

그러므로 시간이 지날수록 현실의 인간들은 명상이나 요가, 영적체험, 종교의 도움을 필요로 하게 된다. 느림이 강조되거나 직접적인 오지의 여행 체험, 유기농이나 로컬푸드 운동 등이 바로 그런 것들의 대표적인 체험이며, 일반인의 피정체험이나 수도원 생활, 템플스테이나 단기출가 등은 적극적인 행동의 몇 가지 예일 것이다.

이 책은 윌리엄 헤르만William Hermmanns 박사의 《아인슈타인과 시인 Einstein and the Poet》이라는 책을 우리말로 옮긴 것으로, 20세기 최고의 과학자로 손꼽히는 아인슈타인 박사의 '우주적 종교관'이 알기 쉽게 문답형식으로 풀이되어 있다. 여기에 덧붙여 종교적 집단들이 저지른 죄상의 이면과 '나치의 집단살인만행' 및 '스탈린의 집단살인극' 등의 문제를 제기하여 그 심저에 일신교적인 종교관이 깊숙하게 자리하고 있다는 사실들도 알기 쉽게 기술함으로써 다양성의 사회에서 종교의 역할에 대해 냉엄한 충고도 아끼지 않고 있다.

이와 더불어 인간의 궁극적인 물음이자 근본적인 고민인 '죽음'의 문제에 대해서도 자세하게 기술하고 있다. 20세기 최고의 과학자의 죽음에 대한 믿음이 어떠했는가에 대한 성찰도 눈여겨볼만한 대목이다. 아인슈타인은 예술적 소양이 대단한 사람이었다. 바이올린 연주 솜씨는 전문가에 뒤지지 않았다고 전해진다. 그에게 죽음이 무엇이냐고 사람들이 물었을 때 그는 모차르트를 듣지 못하는 것이 곧 죽음이라고 대답했다고 한다. 그런 과학자에게 듣는 예술과 죽음에 관한 독특한 생각은 무척이나 새로운 경험이 될 것이다.

아울러 이 책에서는 여태껏 한국어로 번역된 적이 없는 아인슈타인 박사의 '우주적 종교관'에 이르는 과정을 윌리엄 헤르만 박사와의 대담 내용, 그리고 제임스 목사와 대담한 내용을 헤르만 박사가 다시 기록한 내용으로 구성되어 있다. 그분들의 세심한 배려로 너무나 알기 쉽게 기술되어 있음이 새삼 고마운 일이다.

특히 우리말로 옮기면서 등장하는 낯선 인물들과 사건 및 과학적인 문제들에 대해서는 주석을 달아두었기 때문에 이해가 어느 정도는 쉬울 것으로 생각이 된다. 그러나 혹시라도 잘못된 부분이 있다면 눈밝은 독자께서는 통렬하게 지적해 주시기를  간절히 바라는 마음이다.

끝으로 이 어려운 상황에서도 흔쾌히 출판을 허락해 주신 선출판사 김윤태 사장님과 관계자 여러분에게 고개 숙여 감사의 말씀을 드린다.

2016. 6.
조환 · 석상인

# ■차 례

# 제1장_ 첫 번째 대화

## 아인슈타인과의 만남

/ 1930년 3월

# 아돌프 히틀러와 나치가 날뛰는 치하에서

1927년 파울 요셉 괴벨스Paul Joseph Goebbels[1]가 베를린 지방장관에 취임했다. 그 해에 뒷날 총통의 광기狂氣가 드러난 히틀러의 《나의 투쟁》 선전에 나는 충격을 받아 민중 편에 서기로 결심했다.

그래서 국제연맹에서 일을 하기 위해서 사회학을 배우기 시작했다. 그러나 나의 눈은 서서히 히틀러 개인의 마성魔性에 대해서보다도 독일 사람의 마음 속에 잠재한 세계대전으로 발전하지 않을 수 없는 증오로 돌아서기 시작했다. 거기서 우선 국제관계를 배우는 학생들이 대다수를 차지하는 베를린의 훔볼트Humboldt 클럽 회원들의 눈을 뜨게끔 하고자 했다. 그러나 이 일은 헛수고로 끝났다. 외투의 옷깃 밑에 나치 당원 기장 '하켄

---

1) 괴벨스(Paul Joseph Goebbels): 1897~1945, 독일의 정치가. 나치 지도자 중의 한 사람. 히틀러 정권의 선전장관. 언론통제와 교묘한 선동선전에 의한 나치 독일을 구상해 낸 주역. 제2차 세계대전 말기에 자살.

크로이츠Hakenkreuz'를 감추고 있는 놈들이 많았기 때문이다. 다음 수순은 명예이사의 한 사람으로서 내가 인권연맹 시절 그때의 독일 대통령 파울 폰 힌덴부르크Paul von Hindenburg[2]에게 밀어닥치는 독재정치의 위험을 호소하는 서한을 보내는 일이었는데, 그 내용은 다음과 같은 경고를 담은 것이었다. 히틀러의 저서는 독일 사람들의 마음을 군복으로 갈아 입은 혁명정신으로 변모시켜, 바이마르Weimar 공화국[3]을 그 지주支柱인 대통령과 함께 멸망케 해 버릴 것이다.

그러나 사태는 힌덴부르크의 아들과 마이스너Meissner 국무장관이 히틀러와 타협하는 길을 선택하는 방향으로 나아가고 있었다. 힌덴부르크의 토지 취득에 엉킨 추문醜聞이 히틀러에게 비집고 들어올 틈을 주었기 때문이다. 나는 국회 내에서 거트루드 바우머Gertrude Baeumer와 엘리자베스Elizabeth Lueders 등의 민주당 의원들과 대화를 나누었다. 그 결과 독일에서 히틀러와 나치들이 날뛰고 있는데 대항할 수 있는 인물은, 알베르트 아인슈타인[4]을 빼 놓고는 다른 인물이 없다고 확신하게 되었다.

아인슈타인과 처음 만난 것은 1921년 베를린에서였다. 40개월에 이른

---

2) 파울 폰 힌덴부르크(Paul von Hindenburg): 1847~1934, 독일의 군인 · 정치가. 제1차 세계대전에서 러시아군을 격파하여 이름을 날렸다. 1925년 바이마르 공화국 제2대 대통령에 취임하여, 나치의 대두를 막으려 했으나 뜻을 이루지 못하였다.
3) 바이마르(Weimar) 공화국: 제1차 세계대전 후 독일의 바이마르 헌법(Weimar Werfassung)에 근거해서 수립된 공화국. 1919년 바이마르에서 개최된 국민의회에 의해서 성립. 국민주권주의에 입각한 의원내각제 · 선거제도, 재산권의 의무성, 생존권의 보장 등 민주적이고 사회주의적인 색채를 표방하여 20세기적인 헌법의 선구가 되었으나, 나치의 대두 후는 사실상 유명무실하게 되었다.
4) 알베르트 아인슈타인(Albert Einstein): 1879~1955, 미국의 물리학자. 유대계의 독일 사람. 나치에 쫓겨나서 미국에 귀화. 상대성이론으로 종래의 우주관에 근본적인 변혁을 일으켜 현대물리학의 기초를 구축하였다. 1921년에 노벨물리학상 수상.

프랑스 억류생활에서 돌아온 나는 제노바에서 외교관이 되고자 국제법과 사회학 공부를 시작하고 있었다. 마침 그때, 아인슈타인이 직접 바이올린을 연주한 자선 콘서트가 열렸는데 콘서트가 끝난 뒤에 이루어진 학생 그룹과의 간담회 석상에서 나는 내가 지은 〈VERDUN〉이란 시詩를 낭독하였다. 그 뒤에 아인슈타인은 우리들 20명 정도의 학생들을 향해서 "이 시가 많은 젊은이들에게 전해지게 되면 좋겠는데. 그렇게 되면 그들은 더 이상 군복을 입는 일은 없을 것이다."라고 말했다.

〈VERDUN〉

땅거미가 내리는 가운데 오래된 돌담 위를 걷는 전쟁의 두려움
백골 자태姿態의 순례자들이 몰려 들어와
우리 문 앞에서 걸음을 멈추고 문을 두드리며 안으로 들어온다.
그들은 찢어진 군복을 입은 채 떠들면서 성당聖堂을 향한다.
머리와 허리를 잃어버린 자. 훈장을 가슴에 단 그대로의 사람.
늑골에서 먼지가 넘쳐흐른다.
그래서 날샐 무렵에 순례는 끝난다.
기고만장한 희망의 영락한 몰골을 한 친구들이
다리를 건너 무덤으로 돌아간다.

성당聖堂은 전율하고 창은 덜커덩거리며 떨고 있다.
새벽은 강물 위에 빛을 비춰서 담벽에서 어둠을 걷어 간다.
빛은 총구멍의 배고픔을 채운다.
그들은 동부에 집결한다.
나는 하는 수 없이 일어서서 부르짖는다.

"하늘에 맹세코 당신들을 바로 잡습니다.

오! 열광하는 튜턴Teuton[5] 사람들이여, 들으세요.

여러분들이 흔들고 있는 것은 어머니인 나의 마음이 아니고

지옥의 문인 것입니다.

나는 물러나 내려가지 않습니다!"


아! 강이여 나의 맹세를 들었는가? 들었다면 흘러감을 멈추어라.

그래서 그 물을 일으켜 세워 나의 상처를 치유하라!

황태자가 쇼를 시작한다.

쇠 독수리가 풍운을 일으켜 하늘 높이 솟아 오른다.

그래서 우리 아이들에게 덤벼들고 집어 찢어 내장을 흩뿌린다.

집들은 넘어져

죽음이 지붕과 거리에 불꽃과 연기를 불어 올려서

목숨이 붙은 자의 숨통을 멈추게 한다.

눈에 보이는 끝까지 대지大地는 물결에 휩쓸려 구부러진다.

쥐새끼들의 향연이다.

금발의 짐승이 친구들을 먹이로 삼고 있다.


오! 뮤즈 강이여, 나의 서러움을 보듬어 살펴다오.

너는 내가 잔 속의 물을 마셔 말리고 있는 것을 보고 있다.

보라! 저 다리 위의 행진을

고삐 풀린 자식들이다.

오! 강이여 그 물을 일으켜 세워 나의 격통激痛을 치유해 다오.

---

5) 튜턴(Teuton): 독일계의 한 민족. 원래 독일 북부지방에 살고 있다가 남부로 이동해서 살게
   되었다.

무슨 통탄할 운명인가?

어제 저녁에 자식들은 싸우고

내일은 그들이 나의 문 앞에 모인다.

프랑스의 어미인 나는 계속해서 지켜본다.

남의 증오憎惡가 나를 쥐어 묶는다.

사랑과 인간성이 회복되는 날은 언제일까?

문을 두드리는 소리가 난다.

나의 막내 자식이여 이제 그만!

오! 강이여 나의 상처를 치유하라.

그리고 물을 일으켜 세우라!

아인슈타인의 평가에 힘을 얻은 나는 독일 사람의 양심에 호소하려고 될 수 있는 한, 이 시詩를 널리 알리는 데 힘을 기울였다. 게다가 베를린 방송국의 라디오 교육 드라마를 통해서 민주주의가 갖고 있는 자유의 가치를 전하고자 하였다. 라디오 강연을 통해서 아인슈타인을 히틀러의 대항마對抗馬로 내세우려는 구상을 했는데 베를린 방송은 이에 지극히 전향적이었다.

나는 히틀러와 아인슈타인을 각각 정반대의 방향에서 독일 안에 빛을 비추는 두 가지의 강력한 등대로 여기고 있었다. 파울 괴벨스는 히틀러가 한번 소리를 지르기만 하면 언제든지 백만의 젊은이들을 동원할 수 있다는 거짓을 호언장담하고 있었다. 젊은이들에 대해서 민주주의의 지침이어야 할 인물이라면 알베르트 아인슈타인뿐이라고 나는 생각했다. 아인슈타인은 이미 나치로부터 '국민의 적 No. 1'으로 지명되어 적어도 일곱 번이나 목숨을 노린 표적이 되고 있었다.

내가 Verdun[6]의 싸움에서 기적적으로 살아서 돌아온 것은 인류에 봉사하기 위해서이다. 그렇게 굳게 믿은 나는 나치가 조국을 지옥의 바닥으로 끌고 들어가려는 것을 지나쳐 볼 수는 없었다. 그래서 각본을 쓰는 사람의 입장을 살려서 천재를 테마로 하여 방송하기로 하였다. 아인슈타인이라면 젊은이들에게 설득력 있게 호소할 수 있을 것이다. Verdun에서 맹세한 神에 대한 봉사를 실행하자! 히틀러의 지옥에서 독일을 구출하기 위해서!

아인슈타인에게 편지를 보냈더니, 당장 다음 주 화요일 오후에 방문하라는 답장이 왔다. 마침내 때가 온 것이다. 그런데 아인슈타인의 아파트 입구에 다른 세계에서 온 것 같은 불길한 그림자가 나타난 것이다.

---

6) Verdun: 프랑스 북동부 뮤즈 강의 연안에 있는 도시. 요새가 있고 제1차 세계대전 중 독·불군의 격전지로 알려져 있다.

# 불길한 만남

으스스하게 추운 날이었다. 한적한 하버랜드Haberland 거리의 아파트 4층에 사는 아인슈타인을 만나러 갔다. 아파트 계단을 올라가면서 나의 만용蠻勇, 앙리 루이 베르그송Henri Louis Bergson[7]이 말한 '생명력'이라는 것을 그의 내향적인 세계와 어떻게 조화시킬 것인가를 생각하고 있었다. 아인슈타인의 사회생활은 아내와 몇 사람의 친구들에 한정되어 있었기 때문이다. 그때 갑자기 아인슈타인이 머리칼을 치켜세우고 지붕 뒤쪽 방에서 뛰어 내려오는 것이 보였다.

층계참에 도착하자마자 어둠침침하게 비춰진 계단의 어두컴컴한 구석

---

7) 베르그송(Henri Louis Bergson): 1859~1941, 프랑스의 철학자. 합리주의 · 주지(主知)주의에 반대하고, 실재의 진상을 지적직관(知的直觀)으로 파악하고자 하는 '직관철학(直觀哲學)'을 수립. 정신의 절대적 자유를 설함. 국제정치와 친선에도 활약. 주된 저서로는 《물질과 기억》, 《창조적 진화》, 《정신력》이 있다. 1927년에 노벨문학상 수상.

에서 남자가 불쑥 나타나 아인슈타인과 아파트 문 사이로 뛰어 나왔다. 그 남자는 내가 가까워지는 소리를 들었는지 갑자기 뒷걸음질을 하였다. 아인슈타인은 이 틈에 아파트의 자물쇠를 열고 안으로 들어가 문을 '쿵' 치며 꽝 닫아 버렸다. 그 남자와 나는 서로 불안한 시선으로 바라보았다. 나는 어색한 미소를 지으며 "당신도 그분과 만날 약속을 했느냐?"고 물었다.

"그렇소."

남자는 무서운 얼굴 모습으로 대답했다.

"그런데 지금 여기에 있었던 사람이 아인슈타인 맞지요?"

"알고 있소."

그는 한숨지으며 말했다.

"먼저 만나세요. 나는 나중에 만나겠소."

초인종을 누르면서 나는 그 남자를 지켜보았다. 키가 크고 여위어 당장이라도 쓰러질 것처럼 보였다. 나이는 40세가 될까 말까해 보이고, 초라하나 깔끔한 복장에 검은 나비넥타이를 매고 있었다. 마치 음식물을 쏟아 버린 현장을 엄마에게 들킨 어린아이와 같은 눈빛이었다.

어둠침침한 데 눈이 길들여지기 시작하자, 그 남자에게 딱 들어맞는 진한 남색의 정장을 입고 낡아빠진 검은 펠트 모자를 쓴 자그마한 부인의 모습이 보였다. 이것 또한 무엇인가를 암시하는 우연의 만남이었을까.

가정부가 조심스럽게 문을 열었다. 나는 안으로 들어서면서 밖에 사람이 기다리고 있다는 사실을 알렸다.

"예에! 그렇게 몇 시간이라도 기다리고 있는데요."

가정부가 소리를 낮추어 말했다. 그녀는 나의 외투와 모자를 받아들고는 객실로 안내해 주었다. 녹색의 벽지, 관상용 화병, 흔히 있는 비더마이어Biedermeier[8]풍의 방이었다. 창가에 그랜드 피아노가 있고 그 위에 바이올린 케이스가 두 개, 그림과 가족사진, 괴테[9]의 석고흉상, 화려한 예복을 걸친 성서에 등장하는 인물의 밀랍인형도 몇 개 있었다.

방 안을 둘러보면서 아까 봤던 남자의 일을 상기했다. 동시에 프랑스 억류에서 갓 돌아왔을 때인 1921년 어느 날의 일이 겹쳐져 생각났다. 그것은 학생들이 베를린 대학의 교정을 행진하면서 에르츠베르거Erzberger[10] 암살을 축하하는 노래를 부르고 있던 광경이다.

헬멧helmet에 그려진 갈고리 십자,
흑 · 백 · 적색의 삼색 완장,
우리들은 「히틀러 돌격대」.

학생들은 모두 여위었고 좋은 제복도 입지 않았다. 리더인 남학생만은 승마 구두에 장교의 윗옷을 갖춘 우아한 차림으로, 철십자 훈장을 차고 있었다. 나는 이렇게 묻지 않을 수 없었다.

"그 노래는 어떤 의미이지?"

그들이 행진을 중지하고 이쪽을 향한 것을 보고 다시 이렇게 말했다.

"나도 철십자 훈장을 갖고 있네. Verdun의 싸움에 참가했었지."

---

8) 비더마이어(Biedermeier): 19세기 초기부터 중기에 걸쳐서 오스트리아와 독일에서 쓰이던 가구 양식. 간소하면서 실용성을 특징으로 한다.
9) 괴테(Johann Wolfgang von Goethe): 1749~1832, 독일 작가 · 시인 · 정치가 · 자연과학자 · 미술연구가. '질풍노도'의 운동을 일으켜 활약. 독일 고전주의를 완성. 단테, 셰익스피어와 나란히 세계의 3대 시인. 대표작으로 《젊은 베르테르의 슬픔》, 《동서시집》 등이 있다.
10) 에르츠베르거(Erzberger): 1875~1921, 중앙당 정치가. 장상(藏相). 독일을 대표해서 제1차 대전 휴전조약에 서명. 우익 과격파에 의해서 암살되었다.

그러니까 그들은 약간 놀라는 것 같았다. 리더인 학생이 말했다.

"독일을 바꾸려고 하는 의미이지요. 가까운 장래에 유태인들은 한 사람도 남지 못하고 없어질 겁니다. 그놈들은 전쟁 중에 우리를 배반했기 때문에."

"루덴도르프[11]가 틀림없이 그렇게 말하는 것을 들었네."

나는 대답했다.

"아, 그래도 많은 유대인들이 전공戰功을 세워서 교도나 프로테스탄트들처럼 장교에 임명되어 있었다는 사실이 있지. 그러한 사실이 육군의 기록에 명백하기 때문에 루덴도르프는 스스로 그 주장을 취하하지 않을 수 없었네. 모르는 모양이군."

그들은 한참 동안 나를 보고 있다가 마침내 발뒤꿈치를 돌려 노래를 부르며 가 버렸다.

그리고 지금, 아인슈타인의 아파트 문 앞에서, 벌써 몇 년이나 나의 뇌리에서 사라지지 않았던 그 학생들처럼 아무것도 먹지 않아서인지 삐쩍 마른 남자와 만났다. 그것은 불길한 전조前兆였을까? 나는 억측을 떨치고 다시 이 집을 살피기 시작했다. 반쯤 열린 문에서 거실 안이 흘끗 보였다. 중앙에 남자가 앉아서 아인슈타인의 얼굴을 부각시킨 황동액자를 만들고 있다. 도대체 어느 과학관련 시설에 이 커다란 릴리프사진을 걸어 두려 하는지. 그의 업적에 비난을 퍼붓고 있던 독일은 틀림없이 아닐 것이다. 아마도 아인슈타인의 최대의 숭배자였던 영국 사람으로부터 받은 주문이리라.

아인슈타인이 나타났다. 파이프를 들고 검소한 회색 외투를 걸친 50

---

11) 루덴도르프(Ludendorff): 1865~1937, 제1차 대전의 영웅. 훗날 힌덴부르크 참모총장의 휘하에서 참모차장으로서 독일군의 실권을 장악했던 보수파 군인.

세 가량으로 보이는 거한巨漢이다. 소문으로 들었던 것보다 키가 컸다. 나는 우선 성서聖書에 등장하는 인물을 아름답고 자그맣게 조각한 작품들에 대해서 물었다. 그는 하나하나를 자랑스럽고 주의깊게 다루면서 나에게 보여 주었다.

"이것은 우리 딸 마고Margot가 만들었다네."

그는 사랑스럽고 매끈한 손으로 조각품을 쥐고 말했다.

내가 커다란 창문 곁에 앉으니 아인슈타인은 미소를 지었다. 그 눈은 평온했다. 그러나 내가 호주머니에서 기록할 용지를 꺼내자 탐색하는 듯한 표정으로 바뀌었다. 나는 바깥 거리를 내려다보면서 말을 꺼낼 기회를 살폈다. 그러나 그의 맑은 갈색 눈동자에 매료되어서인지 무심결에 "어떻게 천재가 되셨습니까?"라고 말을 해 버리고 말았다.

"내가 천재라니! 누가 그런 말을 하지?"

그는 양 손을 치켜들고 강한 어조로 말했다. 나는 마음을 가라앉혀 실례를 사과드린 다음에 물었다.

"상대성이론은 어떻게 발견했습니까?"

"그 시작은 확실하게는 모르겠는데……."

그는 미소를 지으면서 파이프에 담배를 채우고 있다. '어떻게 이렇게도 친절할 수 있을까?' 나는 그의 모습에 새로이 감동을 느꼈다.

"다섯 살쯤 되었을 때였던 것 같아."

그는 말을 이었다.

"아버지가 장난감으로 나침반을 주셨지. 그 침이 움직이는 것이 얼마나 재미있는지 잠을 잘 수 없을 정도로 열중했어. 그러는 가운데 몇 번이나 나침반을 빙빙 돌려도 왜 침이 항상 같은 방향을 가리키는지 알고 싶어졌지. 그래서 아버지께 침 끝을 항상 북쪽을 향하게 하려는 힘이 외부에 존재하고 있는지를 물었어. 아버지는 그런 힘이 있다고는 말씀하셨지만 그 원인까지는 가르쳐 주시지는 않으셨어. 그래서 기사技師이셨던 숙부님께 똑같이 물어보았더니 금방 '모르는 미지의 것을 X라 두고, 그로부터 그것이 무엇인지 알 때까지 조사하는 것이다.' 라고 대수의 기초를 가르쳐 주셨지. 그때부터였다고 할 수 있어. 모르는 것이 있으면 무엇이든지, 특히 자기磁氣처럼 모르는 것에 대해서는 X라 부르기로 했지."

그는 말하고 있는 동안 내내 어린아이처럼 천진난만한 미소를 띠고 있었다. 그의 눈은 빛나고 열기를 풍겼으며 회색빛을 띠기 시작한 머리카락이 거짓말처럼 젊디젊은 표정을 보였다.

"열두 살이 될 때까지 얄팍한 기하학 교과서가 나의 보물이었어. 직선과 삼각의 명제命題에 감탄한 나는 유클리드Euclid[12]처럼 사물을 고찰하기로 한 지 얼마 되지 않아서 주위의 모든 사물을 기하학적인 눈으로 보게끔 되었지."

그는 어깨를 움츠려 자기의 파이프를 들여다보며 말하고 있는 것처럼, 인간의 정신이 얼마나 강력한 도구가 될 수 있는가를 유클리드는 명석하고 순수한 추상개념으로 나타내었다고 반복해서 말했다. 그의 동급생들은 유클리드 기하학 때문에 괴롭기까지 해서, 이 고대 수학자에 아무런 감명도 받지 않았다. 그러나 젊은 학도 아인슈타인은 달랐다. 이 고대의 그리스인에게 푹 빠져, 마침내 대단한 괴짜로 여겨지게 되었다. 동급생들과 운동이라든지 경기를 하는 대신에 음악과 기하학을 사랑한 것이다.

"천재의 대가가 고독이었던 셈이네요."

---

12) 유클리드(Euclid): 기원전 300년경, 알렉산드리아의 수학자. 유클리드 기하학의 창설자. 종래의 성과를 집대성해 《원론》을 저술했는데, 그 기하학체계는 오랫동안 절대적인 참(眞)으로 유일한 것으로 여겨져 왔다.

나의 질문에 아인슈타인은 '씽긋' 웃으며 나를 힐끗 보고서 이해하기 힘든 표정을 지었다. 그러고는 장난기 가득하게 눈을 깜박이며 말했다.

　"나의 능력을 믿고 있었던 사람이 있었어. 바로 어머니셨지. 네 살인가 다섯 살이었을 때 어머니는 나를 데리고 숙모님 댁에 가서 저녁을 먹는 자리에서 알베르트는 장래에 틀림없이 유명하게 될 거라고 말씀하셨어. 그 자리에 있었던 모든 사람들의 반응을 잊을 수 없어. 숙모님이, 이 이야기를 친척들에게 퍼뜨린 덕분으로 사촌들로부터 얼마나 놀림을 받았는지!"

　"그렇지만 어머님이 옳았네요."

　"뭘! 그저 여인들의 수다에 지나지 않은 거지."

　아인슈타인은 파이프를 깊숙이 빨아들였다가 연기를 토해냈다.

　"학교는 따분하기 짝이 없고 교사들은 누구나 할 것 없이 하사관 같았지. 나는 알고 싶은 것을 배우고 싶었는데, 그들은 시험을 위한 공부를 시키고자 했어. 학교의 경쟁 시스템, 특히 운동이 가장 싫었어. 그런 이유로 나는 낙제생이 되어, 몇 번이나 학교를 그만두라는 권고를 받았네. 그곳은 바로 뮌헨[13]의 가톨릭 학교였지. 교사들의 입장에서 보면 나의 지식욕은 기묘하게 보인 것 같아. 시험 점수야말로 그들의 유일한 잣대였기 때문이지. 그래서 나도 학교를 단념했어."

　나는 눈을 딱 감고 말했다.

　"선생님이야말로 교육개혁론의 개척자입니다."

　"그런지 아닌지는 모르지만 열두 살이 되던 해부터 교사를 믿지 않게

---

13) 뮌헨(München): 독일 남부 바이에른(Bayern) 주의 주도. 19세기부터 학예의 도시로 알려졌고, 히틀러 나치당이 깃발을 처음 올린 도시. 맥주 제조로 유명한 도시. 제20회 올림픽경기가 열렸던 곳.

되었지. 나는 거의 대부분의 학습 내용을 집에서 배웠어. 처음에는 숙부님께 배웠지. 그로부터 한 주에 한 번씩, 우리 집에 밥을 먹으러 오던 학생에게 배웠어. 아마도 그 학생으로부터 물리학과 천문학 책을 받았던 것으로 기억하는데, 그 책을 읽을수록 우주의 질서와 인간정신의 무질서, 그리고 우주창조의 방법과 시기 및 이유에 관한 과학자들의 다양한 해석에 놀라지 않을 수 없었지. 그러던 어느 날 그 학생이 임마뉴엘 칸트 Immanuel Kant[14]의 《순수이성비판》을 가져다 주었어. 그 책을 읽고 나서는 학교에서 교육받은 모든 것을 의심하기 시작했지. 예전부터 알고 있었던 성서의 신神은 믿을 수 없었고, 자연 가운데 나타나는 신神만을 믿게끔 되었지."

"우연히 귀댁의 식탁에서 식사를 했던 가난한 학생이 선생님의 사고思考를 형성하게 했다는 것은 참으로 놀랍습니다. 이는 신의 의지일까요?"

아인슈타인은 힐끗 곁눈으로 나를 보았다. 마음에 거슬렸는지, 그는 묵묵히 담배연기만 뿜어내고 있었다.

"그로부터 몇 년 동안이나 나의 뇌리를 떠나지 않은 어떤 아이디어를 발견했지."

"그때 나이는 몇 살이었나요?"

"열여섯 살 정도였을까? 당시는 스위스에서 다니고 있던 학교 근처에서 하숙생활을 하고 있었지."

그는 눈을 감고 옛 생각에 잠긴 듯 웃고 있다. 회색빛이 돌기 시작한

---

14) 임마뉴엘 칸트(Immanuel Kant): 1724~1804, 독일 철학자. UK(United Kingdom)의 경험주의와 프랑스의 계몽주의 및 독일적인 심정(心情)과의 대결을 비판주의적인 입장에서 독일 고전철학을 대성하였다. 주된 저서로는 《순수이성비판》, 《실천이성비판》, 《판단력비판》 등이 있다.

짙은 곱슬머리인데도 어쩐지 잠시 잠들어 있는 어린아이처럼 보인다. 이 모습은 이렇게 웅변하고 있는 것일까.

'보라! 어린아이만이 사색思索하는 자가 될 수 있다. 자라나서 어른이 되었다고 여기면 불가사의한 어린아이의 지혜는 잃어버리는 것이다.'

# 천체는 하모니harmony

다시 입을 열었을 때는 아인슈타인의 얼굴은 30년 이상 이전부터 여전히 그를 사로잡고 있는 호기심으로 빛나고 있었다.

"어느 이른 아침. 침대에 앉아서 몸치장을 하고 있는데, 빛이 창문을 통해서 전파되는 것이 보였어."

"빛이 전파된다? 예에! 정말입니까?"

아인슈타인의 진한 갈색 눈이 뜨였다.

"자, 빛에 대해서 알고 있는 것을 말해 보게나."

"예에, 빛은 낮에 존재하고, 밤에는 어둠이 존재합니다."

"저런, 중학생도 아닌데. 물리는 배우지 않았던가."

그는 이상한 듯이 말했다.

"틀림없이 아파서 결석했을 거야."

나는 놀라서 불안해졌다. '이번에 또 얼간이같이 말했다간 쫓겨나도 할 수 없지. 나는 빛이 전달된다고는 생각해 보지도 않았는데' 라고 중얼거리며, "그보다도 제가 흥미를 갖고 있는 분야(여기서 詩에 대한 것을 말했지만 그의 흥미를 끌 만한 분야로 화제를 급하게 바꾸었다)는 철학과 사회학입니다."라고 말했다.

"그렇지만 철학은 물리학, 수학과 밀접한 관계가 있네. 이미 잘 알고 있겠지만."

나는 머리를 흔들며 계속해서 어색한 침묵의 시간이 흘렀다. 이런 곳에서 물리학의 지식을 시험 받을 줄은 꿈에도 생각하지 못했고 너무나도 변변치 못함에 정떨어져 아인슈타인이 시계를 들여다보지나 않을까 걱정되었다. 그러나 그의 목소리는 나의 걱정을 진정시켰다.

"빛은 공간을 전파하네. 그렇다면 어느 한 점에서 다른 한 점까지 빛의 통로를 측정할 수 있을 것이라는 생각이 떠올랐지. 그때까지는 빛은 에테르 속을 빠져나온다고 가르치고 있었지. 그렇다면 '빛이 지나가는 길이 측정되면 빛과 에테르와 지구의 자전과의 관계를 한층 더 잘 알 수 있게 되지 않을까.' 라고 나는 선생님들께 물어 보았어. 그들은 그 질문의 의미를 몰랐는지, 웃어넘기든지 좀더 그 분야의 전문서적을 읽으라고 말했었지."

수학이든 자연과학이든 책에 적힌 지식은 토막난 단편적인 것에 지나지 않았고, 소년 아인슈타인을 크게 고민하게 만들었다. 그는 우주 원리를 찾고 있었던 것이다. 약관 열여섯 살에 그는 이미 전문분야를 추구하기에, 인생은 너무 짧다는 것을 느끼고 있었다. 그는 의자에서 똑바로 일어서서 나를 향해 파이프를 흔들면서 말했다.

"우주의 기본법칙은 단순하네. 그러나 우리들의 감각에 한계가 있으므로 그것들을 파악할 수 없지. 그렇지만 거기에는 창조의 패턴이 존재하고 있네."

그는 그랜드피아노 옆 의자 위에 놓여 있던 악보를 파이프로 가리키며 말했다.

"모든 천체는 모차르트[15]의 교향곡을 연주하는 바이올린의 하모니처럼 운행하고 있지. 그렇지 않으면⋯⋯."

그는 재빨리 돌아서서 물었다.

"신이 풀 수 없다고 생각하는가?"

이 질문은 나를 놀라게 했다.

"아니요."

그는 계속해서 말했다.

"그렇다면 어째서 절대적 진리를 발견할 수 없다고들 말할 수 있는가? 유클리드는 우리들이 사고思考하는 힘을 믿게 해 주었어. 그러기에 달이나 별에서 그리고 지구상에서도 유효한 법칙을 발견할 수 있어야만 되지. 가령, 방 안의 한쪽 구석에 앉아서 우주의 구조를 관찰하기만 하면 보편적인 진리가 발견될 거야. 진리의 기준이란 어떤 조건과 어떤 조합 및 어떤 관측에서라도 진리는 진리라는 사실이지. 이것을 염두에 두고 빛이 무엇일까? 어떻게 움직이는지를 알기 위해서 나는 빛과 함께 우주로 여행을 하기로 했지."

나의 곤혹스러운 모습을 보고 아인슈타인은 마음을 다잡고 앉은 채 눈 위로 흘러 내린 머리칼을 쓸어 올리며 이렇게 설명하였다.

"그러면 이렇게 하자. 열차가 자네의 앞을 지나갔다고 하자. 자네는 누

---

15) 볼프강 아마데우스 모차르트(Wolfgang Amadeus Mozart): 1756~1791, 오스트리아의 작곡가. 빈(Wien) 고전파에 속하는 고전음악의 신수를 발휘. 독일 가극의 길을 개척. 대표적인 작품으로 가극 《피가로의 결혼》과 교향곡 《쥬피터》가 있다.

군가가 차 안에 타고 있는가를 알고 싶네. 만약 자전거로 따라 잡을 수만 있다면 기회는 있지. 자동차를 사용한다면 훨씬 더 기회는 있지."

"그렇지만 선생님은 '우리들의 감각에는 한계가 있어서 눈으로 보았다고 해서 진실을 말할 수는 없다.' 라고 방금 말씀하시지 않았습니까?"

그는 몹시 난감한 듯이 웃었다.

"아하 그랬었지! 그렇지만 우리들에게는 고등수학이라는 것이 있지 않나. 이것은 감각의 속박에서 해방시켜 주지. 수학용어는 음악용어보다 선험적先驗的이고, 보편적이며 수식은 이 이상 더 없이 확실하게 풀어 주고 어떠한 감각기관과도 무관해. 그래서 수학적 실험실을 만들어 보았지. 마치 자동차에 타고 있는 듯이 그 속에 내 자신을 앉혀 놓고서 빛을 따라서 이동했지."

말을 하면서 그는 손을 경쾌하게 움직이고 있었다.

"항상 빛의 불가사의한 매력에 끌렸었네. 전구의 스위치를 누르기만 하면 태양광이 지상에 내려 쪼이는 것처럼 빛이 방안에 넘쳐나지. 빛은 1초 사이에 거의 18만 6천 마일 나아가고, 약 9,300만 마일 떨어져 있는 태양에서부터 지구에 도달하기까지 8분이 걸린다는 것은 알고 있지. 태양은 매일 아침 우리가 보기 전에 이미 8분 전에 떠 있다는 뜻이지."

이야기를 하고 있는 사이에 그의 부드럽고 가느다란 매끄러운 손이 매력적으로 보였다. 게다가 끝없는 호기심으로 빛나는 갈색 눈동자는 중년 남자의 것이 아닌 영원한 청년의 눈동자였다. 아인슈타인은 말을 계속 이어나갔다.

"학교에서는 우주가 빛의 파동을 전달하는 에테르로 가득 차 있다고 배웠어. 그러나 에테르란 무엇인가라는 질문에 대답해 줄 수 있었던 선생님은 한 분도 없었지. 나는 스스로 조금 생각해 보았네. 에테르란 존재하지 않는 것으로 하자. 빛은 매체가 없더라도 전달되는 것이 아닌가. 에테르란 것이 실제로 존재한다고 하더라도 우리가 배운 것과는 달리 그것은 움직이지 않고 있지 않은가. 빛은 직진한다고 하는 뉴턴[16]의 이론에도 틀린 점이 있었지."

이 대목에 이르러 이미 그의 이야기에 대한 호기심은 그칠 줄 몰랐고, 내 자신이 대화를 이끌고자 하는 생각은 완전히 사라져 있었다. 나는 필사적으로 연필을 움켜쥐었다. 그는 천체의 하모니라고 하는 것을 진리로 인정해 온 유일한 종교적 교의敎義를 빛을 검증함으로써 재확인한 것이다.

"천체에는 바흐Bach[17]의 푸가처럼 해석할 수 있는 패턴이 있지. 별은 텅 빈 공간을 몇백만 마일씩이나 떨어져서 서로가 힘을 미쳐가며 존재하는 것이 아니고, 그 주위 공간의 성질을 스스로의 중력장重力場에 따라서 정의定義하고 결정하고 있네. 이 중력장은 공간을 울퉁불퉁하게 구부림으로써 항성恒星과 혹성惑星은 어린이들이 굴리는 구슬의 궤적처럼 가장 저항이 적은 선에 따라서 나아가게 되는 것이지. 이와 같이 상대성이론은 천지창조 그 자체와 같을 정도로 종합적인 것이네. 자연의 모든 것은 수학적인 단순성을 나타내고 있지. 바꾸어 말하면 순수사고純粹思考, 즉 여기서 말하는 수학적 해석이 없으면 현실의 자연현상은 이해하지 못하네."

'단순성' 이란 말에 놀라서 그 뜻을 물었다. 아인슈타인은 참을성 있게 설명하였다. 물리학자들은 에테르라는 개념에 내내 매달려 왔다. 그것 없

---

16) 뉴턴(Sir Isaac Newton): 1642~1727, 영국의 수학자 · 물리학자 · 천문학자. 빛의 스펙트럼 분석, 만유인력의 법칙, 미적분법의 3대 발명으로 유명하다. 그가 확립한 뉴턴 역학은 모든 과학의 기초가 되었고, 18세기의 계몽사상과 유물론의 발전에 강한 자극을 주었다.
17) 바흐(Bach): 1685~1750, 독일의 작곡가, 오르간 연주자. 종교음악을 위시한 수많은 곡을 남겼다.

이 원격작용을 합리적으로 해석할 수 없었기 때문이었다. 그러나 에테르설은 작용력의 본질에 대해서 그 사고思考의 통일을 방해하고 있었던 것이다.

"에테르는 한번도 관측된 적이 없었으므로 무시하기로 했지. 자연을 새로운 눈으로 전면적으로 다시 보기로 했네. 나는 평소에 사람은 항상 단순한 생각으로 인생을 단순하게 살아야 한다고 생각해 왔고 그렇게 하는 것이 사명이라고 여기고 있네 나의 이론은 물질과 에너지를 같은 것으로 생각함으로써 장場의 역학법칙力學法則의 통일에 성공했어. 아무리 전통적인 학설이라 할지라도 그런 것은 겁낼 것 없네. 뉴턴은 중력을 작용력이라 생각했지만 나는 공간의 비틀림이라고 보네."

아인슈타인은 돌을 서로 비벼서 불을 발견했을 때 그 순간의 원시인처럼 빛나고 있었다.

"질량이란 에너지가 응축한 것에 지나지 않네. 이것을 알면 태양도 라듐도 우라늄도 벌써 신비스럽지 않게 되지. 어떻게 그들이 빛과 입자를 엄청난 속도로 몇백만 년이나 계속 방출하는가를 알게 되네."

나는 큰맘 먹고 말했다.

"그 모든 것이 선생님께는 단순하게 보였던 것이죠. 그러나 많은 사람들은 아직도 혼란스러울 뿐입니다. 선생님의 이론에서는 쌍둥이 형제 중한 사람이 빛의 속도로 달리는 열차를 타고 1년 동안 여행을 하고 난 뒤에, 다른 한 사람의 형제와 만났을 때 '나는 너보다 한 살 적은데.' 라고 말한다고 하셨지요?"

아인슈타인은 빙긋이 웃었다.

"그 이야기는 내가 사용한 하나의 비유네. 이론과는 모순되지 않지만 일반의 시간개념과는 동떨어져 있지."

"선생님의 수학적 실험실은 빛보다 빨리 이동할 수 없는 것인가요?"

"불가능하고말고. 자기의 탄생을 보는 격이 되어 버리지."

그는 진지하게 답했다.

"오늘 밤 자네는 그리스도가 태어나기 이전, 멀고도 먼 별에서 출발한 빛을 볼지도 모르네. 그것이 이제야 자네의 눈에 도달하는 것이지. 그와 똑같은 원리로, 고성능 망원경이 있으면 프랑스 혁명 당시의 파리 사태를, 멀고 먼 별에서 볼 수 있을 거야. 보다 더 멀리 있는 별에서는 몇 천 년이나 뒤에 지금 여기에 앉아 있는 우리들의 모습을 볼 수 있을지도 모르지."

"선생님의 발견 중에서 세상을 가장 놀라게 한 발견은 무엇입니까?"

나는 기록을 하면서 물었다.

"동료학자들의 해석이지. 나의 이론을 여럿이서 해석해 준 덕택으로 그것은 이미 나의 이해를 초월한 것이 되어 버리고 말았지."

아인슈타인은 농담하듯 대답했다.

# 상대성이론은 양날의 칼

　"푸앵카레[18] 씨가 선생님은 코페르니쿠스[19]보다도 더 위대하다고 말한 것을 알고 계십니까?"

　그는 쾌활하게 손을 흔들고 억지로 웃음을 참았다.

　"푸앵카레는 옳아. 그러나 그것은 나의 일을 말한 것이 아니고, 그 자신의 기하학에 대한 공헌이라고 말할 수 있지."

　그리고 그러한 업적을 견주는 것은 때로는 잘못을 불러일으킬 수 있음

---

18) 푸앵카레(Henri Poincare): 1854~1912, 프랑스의 수학자 · 물리학자. 수론 · 함수론 · 미분
　　방정식론 · 전자기학 · 상대성이론과 천문학에도 탁월한 업적을 남겼음. '과학을 위한 과학'
　　을 주장한 대표적인 학자. 저서로는《과학의 가치》,《과학과 방법》등이 있다.

19) 코페르니쿠스(Nicolaus Copernicus): 1473~1543, 폴란드의 천문학자. 이태리에 유학, 귀
　　국 후 승적에 들어갔으나 천문학 연구를 계속해서 지동설(地動說)을 제창. 죽기 직전〈천체궤
　　도의 회전에 대해서〉라는 논문을 발표. 종래의 프톨레마이오스 이래의 천동설에 의한 우주관
　　을 뒤엎었다.

을 덧붙였다.

"갈릴레이[20]는 기하학 이론을 실험한 최초의 사람인데, 근대 물리학의 어버이로서 영원히 그 이름을 남길 거네. 그리고 뉴턴의 중력법칙은 인간의 정신이 자연현상을 설명하고자 시도한 가장 큰 사건일 거야. 그러나 그 물결까지도 그 당시의 지식에 얽매여 있었네. 나 또한 내 자신의 그림자로부터 벗어나지 못하지."

그러고는 그는 한참 동안 침묵하면서 천장을 쳐다보았다.

"코페르니쿠스에 대해서 말하면 나와 똑같이 자유로운 사고思考를 방해하는 독재체제를 마음속에서 미워하고 있었다는 공통점이 있지."

'독재체제'라고 하는 말에 쫓겨서, 최근의 사건과 바깥에 서 있는 남자의 일이 떠올랐다. 나는 아인슈타인에게 말했다.

"선생님도 저와 같이 인권연맹의 회원입니다. 히틀러가 베를린에 왔을 때 말한 '최전선에서부터 무쇠와 같은 의지를 지닌 순수한 남자가 조국에 또 한 번 더 명예와 영광을 갖게 하기 위해서 찾아왔다.'라고 하는 연설에 대한 연맹의 각서를 읽어 보셨는지요?"

아인슈타인은 어깨를 움츠리며 낮은 목소리로 말했다.

"흥미 없네. 아다시피 나는 사회주의자야. 관심이 있는 것은 모든 사람들의 행복과 사회주의 국가의 건설을 위해서 개인의 지적자유知的自由를 획득할 필요성을 젊은이들에게 가르치는 것일 뿐이네. 만약 히틀러가 권력을 잡으면 그것은 개인이 완전히 노예가 되는 것을 의미한다고 보기 때

---

20) 갈릴레오 갈릴레이(Galileo Galilei): 1564~1642, 이탈리아의 천문학자. 진자의 등시성(等
   時性)과 떨어지는 물체와 던진 물체의 운동에 관한 많은 새로운 발견을 했고, 망원경을 발명
   해 천체를 관측해서 이른바 코페르니쿠스의 지동설을 지지했기 때문에 종교재판에 회부되어
   사형을 당하면서도 "그래도 지구는 돌고 있다!"라고 외쳤다고 한다.

문이지."

아인슈타인이 파이프에 담배를 다시 채우고 있는 사이에, 그의 동료인 레너드 교수가 "만약 상대성이론이 옳다면 유대나라의 그릇에서 태어난 독일 과학의 성과이다."라고 말하고 있는 사실을 알고 있는지를 물었다.

그의 온화하던 표정이 돌연히 험악하게 변했다.

"최근에도 똑같은 소리를 들었네. 만약 나의 이론이 옳다면, 독일 사람들은 나를 좋은 독일 사람이라고 부르고, 프랑스 사람들은 훌륭한 유럽 사람이라고 부르겠지. 거꾸로 틀렸다면, 독일 사람들은 나를 유대인이라 부를 것이고, 프랑스 사람들은 독일 사람이라 부를 것임에 틀림없어. 칭찬을 받거나 욕을 먹어도 전혀 아무렇지 않네. 나는 과학자의 사슬 고리의 하나일 뿐이지. 내가 죽은 뒤에는 제자들이 뒤를 이어 줄 것이고."

나는 물었다.

"막스 베버는 '예술과 과학이 다른 점은 예술은 항상 완결되어 있는데, 과학은 절대로 끝이 나지 않는 점'이라고 말한 적이 있는데 선생님도 그렇게 생각하십니까?"

그는 머리칼을 쓸어 올리면서 고개를 끄덕였다.

"인간은 그의 능력의 극히 일부만을 썼을 뿐이고, 인간이 하는 자연탐구에도 한계가 있기 때문에 과학에는 결코 종착점은 없지."

그는 창밖을 손으로 가리켰다.

"저 나무의 뿌리는 포장된 길 밑에 물을 찾아 뻗어나 있어. 꽃은 꽃가루를 매개하는 꿀벌을 향해서 향기로운 냄새를 날리고 있지. 혹은, 우리들 자신을 움직이고 있는 내적인 힘, 이러한 것들을 보면 모든 것들이 신비스러운 선율에 맞추어 춤추고 있는 것 같아. 저 멀리 저편 언덕에서 연주하고 있는 연주자에 대해서 우리들은 창조력이라느니 신이라느니 하는 여러 가지 이름들을 붙이고 있지만, 실체는 모르고 있지."

"슈바이처[21]의 '생명에 대한 외경畏敬'이란 말을 좋아합니다."

나는 이 말을 하고는, 나 자신의 세계에 빠져 있었지만 그 시간은 오래 가지 않았다.

아인슈타인은 꿰뚫어 보는 듯한 눈길을 이쪽으로 돌리며 "그렇다."라고 내가 기록을 하는 속도에 맞추어 주는 듯, 천천히 말했다.

"창조에 대해서 공부하고 싶거든 겸허한 성격을 갖추어야 될 필요가 있지."

잠시 침묵이 흐른 뒤에 나는 물었다.

"선생님은 유클리드 기하학을 리만[22]기하학으로 바꿔놓았다고 하시는 것입니까?"

"그렇고말고, 리만 기하학에서는 임의의 2점을 가장 짧게 이어주는 선분線分이 반드시 직선이라고는 보지 않기 때문이지."

"리만에 대해서 어느 정도 알고 있나?"

갑자기 그는 의심스러운 어조로 내게 물었다. 이에 대답하려면 혀를 깨물지 않으면 안 되었을 것이다. 그러나 그는 다행히 나의 고충을 알아차리고 기하학의 화제를 계속해 이어나갔다.

"어떠한 기하학 체계이든, 사람의 마음의 산물이라서 현실과는 관계 없는 것이네. 그래서 기하학에서는 현실에는 존재하지 않는 심적인 질서가 있지. 현실은 기하학에 공리公理를 주지 않는 거라네."

---

21) 슈바이처(Schweitzer): 1875~1965, 프랑스의 신학자·사회사업가. 흑인들을 병고에서 구호하고자 서른 살 때부터 의학을 공부해서 혼자의 힘으로 가봉에 병원을 건설해서 생애를 바친 밀림의 성자(聖者)이다. 1952년에 노벨평화상 수상.

22) 리만(Georg Friedrich Bernhard Riemann): 1826~1866, 독일의 수학자. 리만 기하학·리만 적분·함수론에서의 리만 면 등, 수학의 각 분야에 획기적인 업적을 남겼다.

나는 다시 물었다.

"관계 없다면 어째서 현실의 탐구에 기하학이 적용되는 것입니까?"

"우리들은 사고思考의 경험을 관측 경험에 대조해서 평가하고 있네. 그렇게 하여 현실세계에 질서를 갖게 해서 그것을 일반화하고 있지. 그러나 수학법칙을 현실에 맞추면 맞출수록 확실성이 상실돼. 거꾸로 확실하게 하려면 현실에 맞지 않는다는 사실을 잊지 않도록 하지 않으면 안되지."

나는 마지막 부분을 한 번 더 반복해 주기를 부탁드렸다. 그는 기분 좋은 얼굴로 미소를 띠면서 덧붙였다.

"이것으로 막스 베버가 어째서 '과학은 절대로 끝나지 않는다.' 라고 했는지 그 의미를 알았을 것이네."

그때 거실에서 부인의 목소리가 들렸기 때문에, 천재가 어떻게 탄생되었는지 탐구하는 것도 이것으로 끝나는 것인가라고 생각되었다. 그러나 그것은 기우였고, 아인슈타인은 만족스럽게 파이프의 연기를 뿜어내고 있었다.

"이론이 완성된 뒤에 어떻게 하셨습니까?"

"30장의 논문으로 간추려 베른Berne에 있는《물리학저널Journal of Physics》의 편집자 앞으로 보냈지. 그길로 집에 돌아와서 침대에 파묻혀 2주 동안 지냈네."

"그것을 읽은 편집자도 도저히 이해하지 못할 것을 알면서 잠만 자고 있어서야."

무의식적으로 나는 말을 하고 말았다.

"아니, 아니지. 오히려 한 번도 거들떠보지 않았을까 생각되네. 이전에 논문을 게재해 준 적이 있었기 때문에 비용 문제는 아니었을 거야. 게다가 어차피 아무도 주목하지 않는 것에 익숙해져 있네."

"그렇지만 당시에 선생님은 과학계에 돌을 던진 겁니다."

"아니."

아인슈타인은 미소지었다.

"그것은 작은 돌이었지. 그래서 잔물결도 일지 않고 좀처럼 주목을 받지 못했지."

"상대성이론은 어떻게 실용화되리라고 생각하십니까?"

나는 머뭇거리며 물었다.

아인슈타인은 의자의 등에 기대어, 이 질문을 즐기는 것처럼 보였다.

"그렇지. 땅 위가 좁아지면, 물질 에너지가 달 표면으로 인간을 보내는 데 쓰일지도 모르겠네. 실험실 내에서 자연을 재현하는 방법을 발견할지도 모르지. 그렇게 되면 목초 대신에 합성사료로 가축을 키울 수 있게 될지도 모르지. 이 세상이 싫어지면 자기 자신을 한 순간에 번쩍 하고 빛이 비치는 사이에 없어지게 할 수 있고, 이 혹성惑星의 반을 길동무로 할 수도 있지."

"겁나는데요."

나는 무의식중에 말해 버렸다.

아인슈타인은 나를 똑바로 응시하며 말했다.

"나의 공식은 '양날의 칼'이라네. 쓰는 방법에 따라서 행복도 되고 재앙도 가져오지. 그 선택은 인간이 어떻게 쓰느냐에 달려있지."

"선생님의 이름은 불멸입니다!"

나는 흥분이 되어서 부르짖었다. 그는 이 말을 무시했지만, 나는 틈을 두지 않고 이렇게 물었다.

"공식을 완성하기까지는 얼마나 걸렸습니까?"

"9년이었네. 그렇지만 단 하나의 공식이 되었다는 뜻은 아니야. 몇천 개나 되는 공식들을 적었다가는 지웠네. 몇 번이나 그만두려고 했는지 몰라. 그러나 무수한 실험과 밤샘을 한 끝에 마침내 발견하게 되었지."

"알았습니다!"

나는 의자에서 일어서서 말했다.

"천재로 불리는 이의 비밀은 다른 이의 손으로 만들어지는 것이 아니라 그 자신이 이끌어 낸 것입니다. 양해를 해 주신다면, 라디오에 '천재와 불굴'이라는 강연 프로그램을 꾸몄으면 하는데요."

나는 지식인들이 우리들의 부르짖음에 호응해 눈을 뜨고, 히틀러의 천재에 대한 비판도 금세 땅에 떨어지리라고 낙관적으로 내다보았었다.

아인슈타인은 수긍하였다.

"포기하지 않았던 것은 사실이네. 직관直觀이 그렇게 만들었지."

그는 강의라도 하는 것처럼 말을 해서 나는 다시 의자에 앉았다.

"인류는 자연을 경험적이고 비판적으로 받아들임으로써 진보해 왔다고 여기는 사람이 많네. 그러나 참다운 지식은 연역演繹에 의해서만 얻어진다고 나는 생각하네. 그 이유는 세상을 나아가게 하는 것은 사고思考가 아니고 직관이기 때문이지. 직관에 의해서 우리들은 뿔뿔이 흩어진 사실에 눈을 돌려, 그것들 모두가 하나의 법칙에 의해서 바람직스럽게 정리될 때까지 사고를 하지. 직관은 새 지식을 낳는 어버이지만, 경험주의는 오래된 지식의 축적에 지나지 않네. 지성知性이 아닌 직관이 자기 자신에 대한 깨달음에 이르는 길이지."

"경험주의가 수평선이고, 직관은 지상에서 하늘에 뻗는 수직선이라고 말할 수 있네요."

"하늘을 어떤 의미로 말하고 있는 건가?"

아인슈타인은 나를 곁눈으로 보며 주의깊게 말했다. 이때 거실에서 부인이 와서 "차 준비가 다 되었어요."라고 말했다. 아인슈타인은 문을 열었지만, 아직 부인을 소개해 주지 않아서 나는 내 소개를 먼저 했다.

"이렇게 친절하게 해 주셔서, 저는 그저⋯⋯."

"아니에요. 잘 오셨습니다."

부인은 미소를 지으며 말했다. 아인슈타인 부인은 남편 곁에 서자, 더 자그마하게 보였다. 단순한 애프터눈 드레스가 그녀의 머리칼과 조화를 이루는 것 같아 보였다. 소박한 금반지 하나가 유일한 장식품이었다.

이야기를 할 때 그녀는 상대에게 가까이 다가왔다. 그러고 보니 근시라고 들은 적이 있다. 그녀는 마음이 어쩐지 불안한 것 같고, 걱정스러운 듯이 보였다.

거실을 지나갈 때 아인슈타인 부인은 조각사에게도 차를 마시는 자리에 함께 차를 마시도록 불렀다. 서재에 들어서니, 책들이 수북하게 쌓여 있었는데, 비서가 엄청나게 많은 편지와 서류들을 정리하고 있었다. 나는 두 권의 가죽 끈으로 철해진 성서와 스피노자의 저서에 눈이 끌렸다. 커다란 창문을 향해서 빛나는 은식기가 놓인 티테이블이 있는 소박한 서가 書架와 좋은 대조를 이루었다. 아인슈타인 부인은 우아하고, 게다가 소리를 내지 않으면서 남편을 위해서 가벼운 식사를 선택했다.

조각사가 제작하기 시작한 두 개의 거대한 브론즈 액자는 각각 신축하는 베를린 시 공회당과 포츠담의 아인슈타인 타워에 수납할 것이라고 한다. 나는 아인슈타인 쪽을 향해서 말했다.

"조각사가 갖고 싶은 것은 선생님의 머리 외면이지만, 저는 속 알맹이를 갖고 싶은데요."

창문 쪽을 바라보고 있던 아인슈타인은 말했다.

"그놈들은 이 목 전부를 갖고 싶어 하고 있지."

그때 귀에 익은 행진하는 소리가 들려왔다. 아인슈타인 부인이 한숨을 내쉬었다.

"나치 당원들이네요. 벌써 한 시간이나 계속되고 있습니다. 외국으로 가면 얼마나 좋을까요!"

"국외에요?"

나는 신중하게 기록하기 위해서 다시 물었다.

"그렇다네."

아인슈타인이 대답하였다.

"미국으로부터 강연에 초대받아서 수 주 간 이내에 출발할 예정이에요."

아인슈타인 부인이 덧붙였다.

"그곳에서 그대로 주저앉아 버리면 좋을텐데."

여기서 이야기는 멈추었고, 모두가 멀리서 잘 들리지 않는 군가 소리에 귀를 기울였다.

"이런 세상이 되어 버리다니."

아인슈타인 부인이 한탄하듯이 말했다.

"옛 친구들까지도 남편을 떠났어요."

"노벨상까지 수상한 저명한 물리학자들도 아인슈타인 선생님의 이론을 비판하는 깃발 흔들기 역할을 하고 있어요. 별로 의외의 일은 아니죠."

아인슈타인은 물론, 이것이 레너드 교수의 일이라고 알고 있었다.

조각사는 아인슈타인의 이론을 제1차 세계대전에서 죽은 오스트리아 학자의 공적에 돌리려고 하는 최근의 움직임에 대해서 말해 주었다.

아인슈타인은 답이라도 찾으려 하듯이, 자기의 컵 안을 들여다보았다.

"재미있군. 하이네[23]의 '로렐라이'를 이미 죽어 잊혀져 있던 시인의 것을 훔친 작품이라고 했었지."

이렇게 말을 하고는 깊은 한숨을 쉬었다.

"독재자가 조종하는 꼭두각시 놈들! 놈들은 주먹과 발만으로, 사물을 생각하지 않고, 죄를 군복으로 덮어 감추고 있네. 보게나. 그들이 지금부터 앞날의 주역이네. 그들은 사람들의 증오심을 점점 더 부추길 것이고 증오심은 전쟁의 시작이지."

나는 모두에게 나도 일찍이 이러한 증오심을 갖고 있었고, 1914년의 선전포고가 있고 나서 며칠 뒤에는 쾰른[24] 시의 거리를 행진하고 있었던 것을 이야기했다.

"모두가 일반 시민이었어요. 대학생들과 도제徒弟학교의 생도 및 아동들까지도 참가하고 있었습니다. 우리들은 군대에 지원하여 최대의 적인 영국UK을 증오하는 애국심에 불타서 부르고 있었지요. 아마도 독일의 젊은이들은 아무것도 생각하지 않고, 진심으로 흠모하는 군복과 영웅들을 따랐을 뿐이겠지요."

"젊은이들만의 책임은 아니지."

아인슈타인은 말투를 높였다.

"어른들이 제복 입은 사람이면 우편배달부라도 경례를 하라고 가르쳤지. 비스마르크[25] 수상이 '독일 사람들은 공민으로서 용기가 결여되어 있

---

23) 하이네(Heinrich Heine): 1797~1856, 독일의 서정시인. 본명은 Harry Heine. 혁명적인 작품을 많이 발표. 1831년 봉건적인 독일에 절망감을 느껴 파리로 망명.

24) 쾰른(Köln): 독일 라인 강변에 있는 도시. 기원전 로마 식민지로서 발달. 고딕양식의 대표적인 건축물인 쾰른 대성당으로 유명한 상공업 도시.

25) 비스마르크(Otto Eduard Leopold von Bismarck): 1815~1898, 독일의 정치가. 1862년에 수장 겸 외상이 되어 군비를 확충해서 오스트리아와 프랑스를 격파하고 1871년에 독일 제국을 통일하여, Wilhelm 1세를 독일 황제의 지위에 올려놓았다. 이른바 철혈 제상으로 알려져 있다.

다.'라고 말했지 않은가."

한 순간 숨을 죽였다가 그는 다시 말을 이었다.

"정말! 독일 사람들에게 부족한 것은 최소한의 양심이지."

"라테나우[26]를 살해한 것은 그런 젊은이들이에요."

아인슈타인 부인은 속삭이듯이 말했다.

"그와는 독일 평화에 대해서 자주 이야기를 나누었지."

아인슈타인은 말했다.

"나치 선전의 최초의 희생자가 되어버렸어."

아인슈타인은 커다란 갈색 눈으로 나를 뚫어지게 보았다.

"알겠나. 지금 살아 있는 이들은 앞으로 일어날 일에 책임이 있네."

"그렇고말고요."

나는 동의하였다.

"나는 언제 초대를 받더라도, 사람의 양심을 움직여 조국보다도 인간성에 몸을 바칠 인물의 중요함을 설파하기 위해서, 과거를 과제로 한 시를 갖고 오지 않을 수 없습니다."

나는 〈전쟁〉과 〈VERDUN〉이란 자작自作시를 모두에게 회람시켰다. 아인슈타인 부인은 시를 남편에게 돌리면서 깊이 감동한 듯이 말했다.

"이럴 수가! 프랑스 병사의 어머니, Verdun……. 나도 어머니이기 때문에 잘 알아요."

남편의 비워진 접시에 음식을 놓으면서 부인은 스치듯 미소를 지었다.

"나를 어머니로 생각해 주세요."

시를 다 읽고 난 아인슈타인은 말했다.

---

26) 라테나우(Rathenau): 1867~1922. 실업가, 정치가. 종합 전기제조사 AEG 사장을 거쳐 바이마르 공화국의 부흥장관, 외무장관을 역임. 1922년 6월 22일 우익에 의해 암살되었다.

"이 시는 발표한 것인가?"

"훔볼트 클럽과 경제대학 그리고 포로협회에 보냈습니다."

조각사가 엘자Elsa Brandstroem는 아직 포로협회의 이사장을 하고 있는지를 물었다.

"네, 협회가 있는 한 그녀는 우리들의 빛나는 거울이지요. 프랑스 억류의 경험을 기록한 책을 받은 적이 있어요."

아인슈타인 부인은 컵을 들어 올려서 말했다.

"선생님이 문필로 독일의 양심을 움직이기를 바랍니다. 적십자 제복을 입은 엘자를 만난 적이 있어요. 키가 크고 금발의 정말 아름다운 분이었어요. 시베리아에서 수십만 명의 포로를 구했다고 들었습니다."

"그녀는 '포로의 천사'로 불리고 있습니다. 저와 친한데 제 시를 수집해 주고 있어요."

아인슈타인은 찻잔을 들어 올렸다.

"여성들을 위해 건배합시다. 물질계의 본질을 발견한 퀴리 부인과, 철조망에 인간을 가두는 남자의 성질을 발견한 엘자를 위하여."

"그리고 나는……."

아인슈타인 부인이 한숨을 내쉰다.

"남자들 가운데서 어린아이 성품을 발견했어요."

"또는 천재를 말이지요."

나는 미소지었다.

부인은 말을 이었다.

"네 명의 부인을 차 마시러 오도록 초대했을 때였어요. 이 '아이'가 오면 어떻게 했을 거라고 생각하세요?"

아인슈타인 쪽을 웃지도 않은 채 돌아보면서 말했다.

"그는 자리를 비웠습니다. 그 뒤 손님 중의 한 분이 화장실에 갔었는데 곧바로 돌아오더니 놀란 눈치로 '커튼 뒤에 남자가 숨어 있다!' 라고 말했어요. 나는 '우리 집 아이가 목욕탕에 들어 간 것 같다.' 라고 말해서 안심시켰습니다."

"그렇고 말고."

아인슈타인이 말했다.

"시시한 수다에는 상대할 수 없으니까."

나는 아인슈타인에게 다잡아 물었다.

"퀴리 부인과 처음 만난 것은 언제입니까?"

"1909년인 것 같은데. 당시에 제노바[27] 대학에 초청을 받아 갔는데. 칼빈의 창립 350주년 기념행사가 열렸지."

부인이 입을 열었다.

"처음에 이 '어린아이' 가 왔으면 하는 초대장을 쓰레기통에 던져 넣어버렸어요."

"두툼한 종이에 프랑스말로 적혀 있었기 때문에 읽을 가치가 없는 종류의 편지로 생각했었네."

아인슈타인은 말했다.

부인은 내 쪽으로 몸을 기울여 소곤거렸다.

"알베르트에게 주는 명예박사 학위도 들어 있었던 것을요."

"잘못 된 것을 알고, 물론 그곳에 갔지. 그리고 반갑게 퀴리 부인과 만났네. 정말로 대단한 여성이었어! 위대한 의지와 명석한 정신을 가진 사람이었지. 만찬회는 성황을 이루었고, 칼빈이 대식가였던 탓에 우리들을

---

27) 제노바(Genova): 스위스 서쪽 끝에 있는 호안의 도시. 풍광이 좋은 관광지로 유명하고 적십자본부를 위시해 많은 국제기관들이 있다.

불에 태워 굽는 줄 알았을 정도였네."

부인은 또 소곤거렸다.

"그렇게 여길 뿐만 아니라 모든 이에게 들리도록 말했던 걸요!"

# 아차 했으면 테러리즘의 제물로

아인슈타인은 멍한 자세를 하고 은수저로 차를 젓고 있다가 잠시 후 나를 보고 말했다.

"어째서 자작시를 라디오로 흘려보내지 않나? 내 이야기를 하기보다도 자네가 독일 사람들의 양심을 일깨울 것 같은데. 학생들에게 만인에게 평등한 권리와 인간의 존엄성 및 개인적인 사상을 가질 권리들을, 민주주의 원칙이 인류를 구제한다고 호소하게나. 괴테와 볼테르 및 고대의 예언자들과 같은 역사적 사례를 통해서 젊은이들에게 독재자는 인류를 구원할 수 없다는 것을 알게 해 줘야지."

그 말을 하고 있는 사이에 계단에 잠입해 있던 수상한 남녀의 일이 번개처럼 머리에 떠올랐다.

"밖에 있는 남녀는 아는 사람입니까?"

"아니. 남자 쪽은 연구실에 올라올 때 말을 걸어 왔네. 돌아왔더니 그

때까지 기다리고 있었지."

"가정부 말로는 남자는 아침부터 있었는데 어떤 원고가 필요한 것 같습니다. 면담을 정식으로 신청하도록 가정부가 전한 것으로 알고 있는데."

아인슈타인 부인이 말했다.

"아직도 있을 것 같으면 왜 그런지 알아볼까요?"

내가 말을 했다.

"신원을 알지 못하는 남자와 만나는 것은 위험해요."

부인이 말했다.

"총을 갖지 않은 채 나가서는 안 돼요. 누가 그 남자를 보냈을지도 몰라요. 내 친구들도 없어졌거든요."

조각사가 충고했다.

"그렇게 위험한 남자로는 보이지 않던데요. 같이 온 여자도 있었고요."

한참 동안 의논하고 나서, 아인슈타인은 내가 밖에 나가는 것을 허락했다. 남녀는 아직도 그곳에 있었다. 희미한 빛 가운데 남자가 내 쪽으로 가까이 왔다. 아마도 나를 아인슈타인으로 잘못 본 것 같다.

"저기……."

내가 말을 걸었다.

"예술 분야에서 일하는 사람으로 보이는데요. 서로 통하는 것이 있을 것 같네요. 저는 작가입니다."

"그만하세요."

그는 크게 소리를 질렀다.

"아인슈타인 교수를 만나고 싶은데. 30분 이내에 나오지 않으면 이 집을 폭파하겠소."

나는 내 귀를 의심하였다. 여자 쪽을 보니까 그녀의 얼굴은 긴장되어 굳어진 모습이었다. 나는 여자를 손가락질하면서 말했다.

"그런 짓을 하면 이 사람도 날아가 버려요."

"저는 이 사람의 아내입니다."

여자는 그에 답하는 것처럼 중얼거렸다.

"자! 이 건물에 있는 다른 가족은 어떻게 되지?"

나는 말을 이었다.

"사전에 경고할 생각이다."

이 시점에서 남자가 만취되어 있는 것은 아닌가 생각되었다.

"그러면 다이너마이트를 가지고 있단 말이요?"

"그렇소."

"어디에 장착할 것인가? 지하실인가? 거기에 살고 있는 관리인에게 들켜버릴 거다!"

"아주 힘센 친구가 있거든."

남자는 기묘하게 눈을 깜박거리며 미친 것처럼 보였다. 이는 진심일지도 모른다. "그러면 어쩌면 좋은가?"라고 물었다. 그러자 남자는 시계를 꺼내면서 창문에서 계단까지 수 야드를 성난 동물처럼 느껴지는 발걸음으로 천천히 걸었다.

"30분 이내에 원고를 돌려주지 않으면 다이너마이트를 설치한다. 알았나? 30분이다!"

나는 남자의 아내 쪽을 향해 말했다.

"도대체 어떻게 된 일입니까?"

그녀는 겨우 입을 열어 남편이 6개월 전에 아인슈타인에게 어떤 연극 원고를 보냈다고 말했다. 읽어 보고 가치가 있다고 여겨지거든, 몇 줄의 추천의 글을 써 주기 바라는 요망의 글을 첨부했다는데, 그때 남자가 끼어들었다.

"아무런 소식도 없었어. 아마도 원고를 팔아 넘겼음에 틀림없어."

"아인슈타인이 남의 것을 훔칠 사람이 아니라는 정도는 잘 알고 있을 텐데요."

나는 아파트로 돌아오면서 어깨 너머로 말했다.

"어떻게든 해 주실 겁니다."

남자가 등 뒤에서 소리를 질렀다.

"원고를 돌려 주지 않으면 어떻게 되든지 나는 모른다."

나는 문을 닫고 한숨을 내쉬었다. 그리고 그 남자는 작가인 스트레이처Streicher[28]에게 독살되었을 것이 틀림없을 것이라고 여겼다. 그는 '돌격대원'이라고 하는 신문을 창간해 유대인에 대해서 얼토당토않은 이야기들만을 게재해서 훔볼트 클럽은 히틀러의 사무소에 대표를 보내 그런 증오는 독일에 반드시 파국을 가져와서 국제연맹가맹국들과의 관계를 손상할 것이라고 외쳤던 것이다. 이에 대해 히틀러는 "유대인은 스트레이처가 쓴 글 이상으로 비열하고 저주스러우며 퇴폐적이다."라고 대답했다고 한다.

그래서 3월의 이날[29]에 아인슈타인을 협박하는 남자를 만난 것은 단순한 우연의 일이 아닌 듯하다.

---

28) 스트레이처(Julich Streicher): 1885~1946, 히틀러 일당에 참가. 나치당의 프랑켄(Franken) 대관구의 지도자. 뉘른베르크(Nürnberg) 재판으로 교수형에 처해졌다.

29) 3월의 이날: the Ides of March Caesar 암살사고 이후, 흉사의 경고를 뜻하는 데 쓰는 상투어가 됐다.

아인슈타인은 음악실에서 기다리고 있었다. 나는 남자와 입씨름한 것을 말하고, 남자가 배고픔과 걱정스런 일로 약간 이상해진 것이 아닌가라고 말했다. 너무 걱정하도록 해서는 안 될 것 같아, 나치와 관련되지 않았을까 하는 것은 일부러 말하지 않았다.

"남편을 죽이고 싶어 하고 있어요!"

그러나 아인슈타인 부인은 말을 계속하고 있다.

"놈은 도구에 지나지 않아요."

조각사가 참견하였다.

"정신적으로 책임질 능력이 없는 이의 증언만으로는 참 공모자를 유죄로 할 수 없네. 법률 제51조로 보호를 받고 있지."

아인슈타인 부인은 점점 더 기가 죽었다.

"명성이라고요! 명성은 이제 그만!"

온몸을 벌벌 떨면서 소리쳤다.

"매일처럼 세탁 바구니로 몇 바구니나 되는 편지가 오지. 여러 가지 언어로 적혀 있고, 보낸 사람들도 정치가와 귀족들부터 학생들에 이르기까지. 내용도 '삐뚤어진 것에서부터 죽여 버린다.' 라고 협박하는 익명의 편지에 이르기까지."

아인슈타인은 빙긋이 웃었다.

"그렇지. '내가 태양의 궤도를 벗겼기 때문에 세계의 혼란에 책임을 져야 한다' 라고 말하는 편지도 있었네."

아인슈타인 부인은 주먹을 불끈 쥐고 크게 흔들면서 걸어갔다.

"이젠 정말로 명성 같은 것은 필요 없어요! 필요 없고말고!"

마침내 부인은 소파에 주저앉아 울면서 말했다.

"독일을 떠나 세상의 눈을 피해 살 수 있으면 얼마나 좋을까!"

그 사이에 아인슈타인은 바이올린을 가지고 와서 모차르트의 곡을 켜기 시작했다.

"이젠 더 견딜 수가 없어요."

부인이 부르짖었다.

"어떻게 할 수 없을까요? 당신은 나도 함께 한다는 것을 알고 있나요? 내가 이전에 협박당한 것을 기억하지 못하나요?"

아인슈타인은 바이올린을 계속 켜고 있었다. 부인의 말이 전혀 귀에 들어오지 않을 정도로 그는 모차르트에 열중하고 있었다. 부인은 계속해서 말을 이어갔다.

"게다가 '당신이 러시아에 갔다'라고 하는 오보가 신문에 났을 때, 떠들썩했었지. 쇄도하는 전화를 전부 내가 받았어요!"

옥신각신하는 가운데 30분이 지났다. 나는 아인슈타인처럼 대범하게 있을 수 없어 부인과 조각사와 비서에게 원고를 찾자고 말하고, 가정부에게는 바깥에 있는 남자에게 원고를 찾고 있다는 것을 전하게 했다. 동시에 아인슈타인에게는 경찰에 가도록 제안했다. 부인도 찬성하여 외투를 내가 가져 와서 부인의 손에 쥐어 주고, 조각사에게 그를 등 뒤에서 밀어서 뒷문까지 끌고 갔다. 아인슈타인을 납득시키는 것은 아주 어려운 일이었다. 자위본능이라는 것이 완전히 없는 것 같았고, 자기에 대한 증오감을 거의 인식하지 않았다. 아인슈타인으로서는 이러한 협박도 에테르처럼 비현실적인 것이었다.

겨우 그를 밖으로 데리고 나오자 아인슈타인 부인은 "자아, 갑니다!"라고 소리를 지르고, '찰카닥' 하고 문을 닫았다. 빗장을 급히 꽂는 소리가 들렸다. 커다란 몸집을 벽에 기대면서 아인슈타인은 뒤의 계단을 불만스럽게 내려다보면서 가만히 멈춰 섰다. 나는 천천히 움직이면서도 정중하게 재촉했다.

"가시죠. 그렇게 하는 것이 좋습니다."

그는 움직이지 않았다. 나를 보고 나서, 준비한 외투를 말없이 보고 있었다. 이렇게 있을 수는 없었다.

"아인슈타인 선생님, 물리학에 대해서 '어린아이 정도의 지식밖에 없다.'고 말씀하셨지요. 그렇지만 모든 일들, 인간에 대해서도 그렇다고 감히 말씀해 주세요. 선생님은 올라가야 할 지식의 산을 만드셨지만, 반면에 어쩔 수도 없는 사람입니다. 이해할 수가 없어요. 마치 어린아이 같아요. 뭐라 해야 할지 모를 어린아이죠! 라디오 강좌의 제목을 〈천재와 불굴〉에서 〈아인슈타인은 어린아이 중의 천재〉로 바꾸지 않으면 안 되겠네요."

그는 기대었던 벽에서 떨어졌다. 나는 외투를 입혀드렸다. 계단을 내려올 때 나는 말했다.

"부엌문 계단을 내려온 적은 한 번도 없었지요?"

마당을 가로지르며 나는 생각했다.

"관리인이 우리들을 고용인이거나 우편배달부로 여겨 주면 좋을텐데."

아인슈타인은 나의 생각을 아는지 모르는지 10블럭 떨어진 곳에 있는 경찰서로 힘있게 걸어갔다. 그는 한 마디도 말하지 않았다. 내가 사건에 대해 될 수 있는 한 생생하게 말을 했는데, 경관은 전혀 상대해 주지 않는다. 기다리다 지쳤을 무렵에, 키가 큰 경감으로 보이는 젊은 남자가 서류를 갖고 들어오고 나서, 경관 한 사람이 가까이 왔다. 나는 배에 힘을 주고 큰 소리로 말했다.

"아인슈타인 교수가 광신자 단체의 블랙리스트에 실려 있지 않은지 알고 싶은데요."

"그런 것을 알 수 있는 사람은 없네."

경관은 손을 내저었다.

"역시 유대인으로 블랙리스트에 실려 있던 라테나우 국무장관이 프랑스와 영국대사에 임명되는 당일에 수류탄으로 살해된 사건을 기억하고 있지요. 이 아인슈타인 교수는 말하자면 독일의 과학대사로서 미국에 가시게 되어 있습니다."

누가 와 있는지를 겨우 알아차린 경관은 우리들 쪽으로 다가왔다.

"어찌된 일입니까? 선생님."

아인슈타인은 단추를 풀어 젖힌 외투, 처진 속옷에 낡은 스웨터, 구겨진 바지를 입은 몰골이었다. '이래서는 번쩍거리는 제복을 입은 경관들의 상대가 될 수 없는 것이지.' 라고 나는 겨우 알아차렸다.

아인슈타인은 귀를 잡아당기며 어쩔 줄 모르는 몸짓으로, 미소를 띠며 조심스럽게 말했다.

"우리 집 현관 앞에 서 있는 사람을 내쫓아 주면 됩니다."

그러나 나는 그 남녀가 자신의 의지로 와 있는 것인지를 조사해 주도록 부탁했다.

"확실치 않는 억측에는 관심이 없습니다."

경감은 말했다. 은 수실로 짠 견장과 별 두 개가 눈부시게 빛나고 있었다. 나는 "바이마르 공화국을 지키는 일에 모두가 더 많은 관심을 가져야만 됩니다."라고 확실하게 말했다. 그는 험악한 기색을 보였다.

"내가 국가에 충실하지 않는다는 말이요?"

"행군하는 소리와 군가의 울림에 귀를 막고 있는 모든 사람이 그렇다는 것이지요."

나는 같은 방에 있는 경관들 전원이 들을 정도의 큰 소리로 말하고 있었다.

"바이마르 공화국이 걱정됩니다. 나는 전 세계의 학생들 간에 평화적인 관계를 구축하고자 외무성이 마련한 '훔볼트 클럽'의 회원입니다. 그러나 바로 얼마 전에 갈색 셔츠와 갈고리 십자를 단 옷차림의 나치당의 지도자인 에른스트Ernst[30]가 독일 학생들을 내빈으로 한 점심식사 모임에 나타났기 때문에 프랑스와 영국의 회원들은 격노했어요. 클럽의 개축을 하기 시작한 젊은 건축가인 스피어Speer[31]까지도 나치당원이 아닌가 의심을 받고 있어요. 도대체 누구를 믿으면 좋단 말입니까?"

나는 계속했다.

"공화국의 뿌리가 흔들리고 있다고 생각되지 않습니까? 훔볼트 클럽 이사회의 일원으로서 나는 아인슈타인 박사의 강연을 제안했는데, 미국과 영국 및 프랑스 학생들의 지지를 얻기는 했지만, 숨은 나치당 지지자인 독일 학생들이 그것을 부결해 버렸소. 젊은 독일 사람인 루돌프Rudolf Leibus가 반전주의 지도자를 쳐부수는 것이 애국자의 의무라고 말하며, 아인슈타인과 빌헬름Wilhelm, 막시밀리언 하든Maximilian Harden을 죽인 자에게 현상금을 준다고 제안한 것을 잘 알고 있지요. 이 사건을 우리 법정은 어떻게 판결했습니까? 단돈 60마르크의 벌금만으로 끝내버리지 않았나요. 나는 아인슈타인 박사와 인권연맹 회원들과 공동으로, 사회당원인 노동자에 대해서 공정한 재판을 하도록 재판소에 청원한 적도 있소. 벌써 몇 달이 지났지만 그들은 여전히 투옥된 그대로요. 재판관들이 나치

---

30) 막스 에른스트(Max Ernst): 1891~1976, 독일의 화가. 다다이즘(dadaism)과 초현실주의(surrealism)에 참가.

31) 스피어(Speer): 1905~1981, 건축가. 1931년에 나치에 입당. 군비와 전시생산(生産)장관을 역임, 뉘른베르크 재판에서 20년형을 선고. 나치당 대회의 무대연출도 했다.

의 압력에 저항해서까지 석방할 생각이 없기 때문이죠. 히틀러가 권력의 자리에 앉기만 하면 그들은 틀림없이 처형되겠지."

경감은 참을성 있게 귀를 기울이고 있었다. 그 책상 위에 외눈 안경이 있는 것을 보고서야 외눈 안경 장군인 본 젝트von Seeckt를 연상하지 않을 수 없었다. 그는 바이마르 공화국에서 임명되었지만 나라의 위신에 먹칠을 한 인물이었다. 그는 독일 재건을 위해서 미국에서 보내온 기금을, 러시아에서 몰래 독일 공군을 훈련시키기 위해서 유용했다고 알려져 있고, 베르사유Versailles조약[32]을 밟아 뭉개버렸다.

나는 배신의 온상 속에 잠시 멈춰 서 있는 것 같은 느낌이 들었다. 다른 경관이 일어서서 이쪽으로 다가왔다. 값비싼 단추가 달린 외투를 어떻게 입고 있을까 싶을 정도로 뚱뚱하게 살찐 남자였다. 그는 경감에게 무엇인가를 귀띔했다.

'공무원을 모욕했다'란 말만을 들을 수 있었다. 나는 오싹했다. 어떤 친구가 경관 한 사람이 나치에 매수되어 있다고 경찰에 밀고했더니 돌아오는 도중에서 몇 사람의 깡패에게 습격을 받아, 어딘가의 집에 끌려들어가 얻어맞는 등의 폭행을 당해 한동안 입원하는 사건이 있었던 것이 어제 같았기 때문이다. 나는 기지를 발휘해서 말했다.

"국가를 지키는 분들에게 경의를 표하고 있습니다. 실제로 저 역시도 5년이나 군대에 복무하면서 철십자훈장을 받았기 때문이죠."

예측한 그대로, 그 번쩍번쩍 빛나는 과거의 유물 쪽이, 한 사람의 시민에 지나지 않는 지금의 나 자신보다 위력이 있었다. 경감이 우리들을 도

---

32) 베르사유(Versailles) 조약: 제1차 세계대전의 결과로 1919년 프랑스 베르사유에서 연합국과 독일 간에 체결된 강화조약. 독일은 모든 식민지를 상실했으며 많은 배상금을 지불하고 군비 제한을 받게 되었다.

울 생각이 없는 것은 변하지 않았지만 이전보다는 태도가 부드러워졌다.

"음모가 있다고 하는 억측만으로 우리들에게 움직이라고 하는 것이네요."

나는 엉겁결에 말했다.

"말씀하시는 그대로입니다. 그러한 억측만으로는, 출동을 바라는 충분한 이유가 되지 않기 때문에. 선생님, 그렇지요?"

주위를 살펴보니 아인슈타인이 없다. 안도의 미소를 지으며 나는 말했다.

"고발이 없으면 사건도 없는 것이죠."

그리고 군화도 아닌 신발로 뒤축을 울리면서, 군대풍의 인사를 하고나서, 나는 재빨리 자유로운 공기가 있는 곳으로 뛰어 나왔다.

아인슈타인은 거리의 모퉁이에 서 있었다. 겨우 가까스로 벌인 탈출극을 그에게 말하면서도 나의 몸 떨림은 그치지 않았다.

"그래, 자네는 그런 곳에 나를 데리고 간 것이네."

그는 퉁명스럽게 말했다. 이 말에는 정말로 '욱' 하는 기분이 들었다.

"선생님, 적어도 풀을 먹인 칼라에 넥타이를 매고 있었으면, 그들도 조금은 존경심을 보였을 텐데  선생님을 불량자로 착각했던 거지요."

약간 가시 돋친 말씨를 누그러뜨리려고 이렇게 말을 이었다.

"여기에 바이올린을 들고 있었으면 방랑악사라고 했겠네요."

이런저런 생각을 하고 보면, 나의 복장도 좋은 것은 아니었다. 가지고 있는 것들 가운데서 가장 좋은 양복을 입고 있기는 했지만, 외투도 모자도 두고 왔고, 겨울이면 독일에서는 신사의 필수품인 장갑까지도 끼지 않았던 것이다.

"어떻게 여겨지든 간에, 좋지 않은가."

아인슈타인은 거칠게 말하고 바람에 머리칼을 날리며, 커다란 몸집에 외투를 칠칠치 못하게 걸치고, 올 때와 같은 빠른 걸음으로 걷기 시작했다. 그와 나란히 걸으면서 이것저것 두 시간이나 함께 있었는데, 그가 나에 대한 질문을 전혀 하지 않은 것을 눈치챘다. 우리들은 작금의 나치의 위험에 대해서 의견을 교환하고, 그리고 나 자신의 전쟁 체험과 공부했던 예전의 생각을 이야기하고, 지금은 국제연맹으로부터 초청을 받았다는 사실을 곁들여 말하였다.

아인슈타인은 포기한 것처럼, 국제연맹은 모두 타협하려는 마음이 말라붙었다고 대답했다.

"방울뱀과 타협을 할 수 있나?"

그는 학교의 역사교육의 국제 감시라고 하는, 지적협력위원회의 제안이 얼마나 무익했던가를 계속해서 말했다.

"그것은 우리들이 제네바에서 쟁취하고자 했던 것 중의 하나였는데, 거의 잘 될 것 같았던 때에, 무솔리니Mussolini[33]의 참견이 있었네. 결국 이탈리아는 파시스트에 눌린 대학생이라면 평화주의와 민주주의에 대해서 면역이 되어 있다고 해서, 대학 차원에 한해서 국제 감시에 동의했지."

그의 목소리는 점차로 경멸하는 조로 되어 갔다.

---

33) 무솔리니(Benito Mussolini): 1883~1945, 이탈리아의 정치가. 파시스트 당 지도자로서 밀라노에서 사회당 기관지 《Abante》의 주필로 근무했는데, 제1차 세계대전에 참전할 것을 주장하다 제명되어, 병사로 종군하던 중에 부상을 입었다. 전후에 '이탈리아전투자 동맹'을 조직해서 공산주의와 싸웠으며, 1919년에 파시스트 당을 조직했다. 1922년에 블랙 셔츠(Black Shirt) 부대 6만여 명을 이끌고 로마에 진군해서 수상이 되어서 독재정치를 단행. 1936년 에티오피아를 합병, 1937년에 국제연맹을 탈퇴, 1939년에 알바니아를 합병하는 등 침략적인 노선으로 나아갔다. 1940년에 연합국에 선전포고를 하면서, 일본과 독일의 3국 동맹을 체결해 항전했으나 전황이 불리하게 되고 이탈리아가 항복한 후에 파르티잔(partisan)에 체포되어 처형되었다.

"이런 경찰국가는 정말로 싫다네. 정치적 자유를 억압하고, 두 가지의 악법으로 다스리고 있어. 물론 이 히틀러주의라고 하는 사악한 반동이 오래가지는 않겠지. 독일 지식층의 고결함을 믿는다네."

"선생님, 그러나 말입니다."

나는 이의를 제기했다.

"지난 대전 때의 지식인들의 국수적 열광을 알고 계십니까. 선생님은 그들의 완고한 비뚤어진 기분을 바꾸지 못했지 않습니까. 배반당하지 않았다고 하더라도 고립되지 않습니까. 궁정宮廷에서, 선생님은 모럴 나병 환자라고 불리고 있었던 것 같습니다."

이런 이야기를 하고 있는 사이에, 아인슈타인은 나를 추월해 갔던 것 같고, 큰 발걸음으로 걷는 것은 대단했다. 돌연, 그는 멈춰 서서 말했다.

"만약 독일 사람들에게 증오감을 잊게 해서, 새로운 전쟁으로부터 세계를 구하고자 원한다면, 기성 종교를 기대해서는 안 되네. 우리들은 권력에 몸을 팔지 않는, 무조건적인 사랑의 '우주적 종교cosmic religion'를 창설할 필요가 있지."

나는 한숨을 쉬었다.

"그렇습니다. 경건한 루터파 교도였던 황후는 유대인 심장 전문의를 거느리고 있었어요. 그래서 전력을 다해서 황제로부터 유대인 측근인 라테나우와 볼인을 무리하게 멀리하도록 했던 것입니다. 그 이유인 즉 그녀는 '범독일주의자'였기 때문입니다."

"고인을 편안하게 잠자게 해 주자고."

아인슈타인은 대답했다.

"지금은 장래를 걱정할 때네. 자네는 스피노자[34]를 어떻게 생각하나?"

그는 내가 미처 대답도 하기 전에 이렇게 말을 이어서 했다.

"나로서는 우주적 인간의 이상상理想像이네. 그는 명예와 지위에는 눈도 돌리지 않고 렌즈를 갈고 닦은 무명의 직업인이었지. 그는 감정을 이해하는 일의 중요성을 강조하고, 감정의 원인에 대해서 자기의 생각을 나타냈어. 인간은 감정을 조절해서 명확한 것을 생각할 수 있게 될 때까지 결코 자유롭지 않아. 그렇게 되어야 비로소 주위의 상황을 조절하여 창조적인 활동을 위해서 에너지를 간직할 수 있게 되지."

스피노자는 성서聖書를 너무도 난폭하게 비판했다고 말하자, 아인슈타인은 달갑지 않은 얼굴을 지었다. 그리고 스피노자는 형이상학적인 공론을 배제하고, 기적을 자연현상이라고 설명하여 경건한 신앙을 가지는 한편, 도그마와는 결별했다고 말하면서 그의 저서를 보다 더 주의 깊게 읽으라고 반론하였다. 스피노자의 이단적인 유신론은 나로서는 받아들이기 어려웠다.

"자연이 신의 나타남이라면, 왜 인간은 그렇지 못합니까?"

"인간의 이성에 경외敬畏의 마음을 느낀 적이 없나?"

아인슈타인은 역으로 질문했다.

"인간의 직관直觀과 영감에도 말이야."

"있습니다. 그러나 나는 한 사람의 인격적인 신을 찾고 있습니다. 독일 주술Occult 협회에 입회해 있기 때문에요."

"영매靈媒를 통해서 신과 교신하기 위해서인가?"

"그렇습니다. 선생님, 저는 신비주의자입니다. 구약성서와 신약성서에는 그런 사람들이 많이 기록되어 있어요."

"아아. 참 그렇지."

---

34) 스피노자(Baruch de Spinoza): 1632~1677, 네덜란드의 유대계 철학자. 유대교를 비판해서 파문, 고향에서 추방당했으며 범신론을 제창했다.

아인슈타인은 웃었다.

"사울 왕도 신비주의자였지. 왕은 두 사람의 마녀魔女를 이용해서 예언자 사무엘의 영혼을 불러내려고 했어. 히틀러가 주술 협회의 점술가에게 자신의 별자리 운세horoscope를 알아 보게 한 사실을 알고 있는가? 그 사실을 조사해 보면 어떨까. 그래서 스피노자로 되돌아가라는 거네. 자네는 그의 《윤리학Ethics》을 읽어 보고 연구해야만 하네. 나는 그로부터 세계의 창조는 시간을 초월하는 것을 배웠지."

나는 말을 가로막았다.

"스피노자는 일체가 신, 인간의 정신은 영원하다고 말하고 있지요?"

"신은 영매의 입을 빌어서 말하지는 않는다네."

아인슈타인은 비웃듯이 말했다.

"가령 우리들은 영원하다고 하더라도, 죽은 다음에 어떻게 될 것인가는 생각하지 않네."

"그렇지만 선생님도 아이였을 때, 어머님과 함께 소원을 빌었지요."

"이젠 어린아이가 아니지 않나. 자네도 그렇지. 내게는 신은 벌써 아버지의 모습을 하고 있지 않아. 물론 자네는 시인詩人이니까 어떻게 생각하든 관계없네. 신이 어떤 모습을 하고 있든지 관심없지만, 신이 창조한 세계가 어떤 것인가에는 흥미가 있네. 신의 의지는 자연에서 읽어 낼 수 있어. 관심있는 것은 창조의 법칙이네, 신이 길고 흰 수염을 기르고 있는지 없는지는 아니지. 나는 무한無限의 일부이네."

"신을 어떤 모습으로 표현하기는 어렵겠지만, 악의가 없다고 하는 것은 신을 인격화하는 것이 되지 않겠습니까?"

"헤르만 박사, 나는 흔히 국법과 충돌하는 '너희는 살인하지 말지어다.' 라고 하는 윤리규범에 따라 살아가는 데만 관심이 있다네."

바로 그때, 그 국법이 참으로 현실화되었다. 아인슈타인의 집에 도착했을 때, 두 사람의 나치 제복을 입은 소년이 뛰어나와, 우리들과는 서로 어긋났던 것이다. 아인슈타인은 또 왔구나 하는 몸짓으로 계단을 뛰어 올라 가고 나도 뒤를 따랐다. 그는 열쇠를 꺼내면서 초인종을 울렸다. 가정부가 문을 열자, 현관에서 아인슈타인 부인이 소리를 질렀다.

"알베르트, 원고를 찾았어요. 그 남자는 그것을 주니까 가 버렸어요."

잠깐 동안 아인슈타인 부부와 나는 멍하니 아무것도 손에 잡히지 않았다. 침입자의 일들을 머리에서 완전히 쏟아버리고 서 있었다. 마침내 아인슈타인이 외투를 의자 위에 던지자, 그때 부인이 말했다.

"그 남자는 잘못했다고 빌어도 들어주지 않았어요. '그냥 끝내지는 않을 테다.'라고 하면서 가 버렸어요."

그것이 마치 신호인 것처럼 가정부가 거실에서 뛰어와서 말했다.

"아인슈타인 선생님, 저는 그 남자에게 '그냥 끝내지는 않을 테다'라고 한 말이 어떤 의미죠?'라고 물었습니다. 그러자 '내게는 해야만 할 고귀한 의무가 있지.'라고 말하고는 호주머니에서 무엇인가를 꺼내려고 했어요. 그러나 그 남자의 처가 앞으로 나와서 미안한 듯이 '남편은 신경증으로 입원하고 있었어요.'라고 말했어요. 그리고 나서 그 남자를 아래로 끌고 내려갔어요."

아인슈타인은 가정부의 말에 귀를 기울이지도 않고 음악실로 성큼성큼 걸어갔고, 마침내 온 집안이 바로크 음악의 토카타 음색으로 가득 찼다. 경찰에서 있었던 일을 나는 될 수 있는 한 농담조로 이야기를 했다. 부인의 눈에 떠오르고 있던 공포의 분위기가 점차로 사라져 갔다. 그러나 미소는 짓지 않았고, 태평스러운 남편의 음악에도 그녀의 표정은 누그러지지 않았다. 거실의 열린 문 저쪽에, 마치 반주자인 것같이 무엇인가를 중얼거리면서 정열적인 명장 연주자처럼 연주를 하고 있는 그의 모습이 보였다.

그 사이에 조각사는 거대한 액자를 앞에 두고 묵묵히 앉아 있었다. 그의 날씬한 모습은 곱슬곱슬한 머리칼에 불룩 나온 뺨을 가진 그의 모델과 좋은 대조를 이루고 있었다. 아인슈타인의 얼굴과 키 큰 모습은, 부인의 어머니처럼 다정한 모습과도 대조적이었다. 부인의 흰 머리가 보기 좋게 섞인 머리칼과 주의력이 깊은 눈은 평화와 공감과 사랑을 절실히 바라고 있었다.

# 다가오는 파시즘의 발자국 소리

나는 부인에게 말했다.

"부인을 아내로, 그리고 어머니로 모신 사람은 행복한 사람입니다. 나는 일곱 살에 어머니를 여의고 깊은 외로움을 겪었어요. 곧바로 계모가 왔지만 베스트팔렌Westfalen[35] 지방 출신의 성격이 차가운 사람이었어요. 수년 후에 나는 이런 시를 지었습니다."

〈어머니〉

이젠 웃는 일도 "저녁밥이다, 잠깐 쉬어라, 늦으면 안 된다."라고 하는 말조차 없다.

---

35) 베스트팔렌(Westfalen): 독일 북서부의 바젤 강과 라인 강 사이의 지방. 남부의 루르 지방은 공업지대.

당신은 아무데도 가지 않았는데도 이젠 없다.

아! 무어라 해야 하나!

당신은 나의 눈물마저도 가져가 버렸다.

"자아 봐라, 여기 있다. 이젠 더 슬퍼하지 말아라."라고 꿈에라도 좋으니
속삭여 주세요.

당신에게 당신의 사랑에 닿아보고 싶다.

어머니 하늘나라엔 등불이 없는지요?


이 시를 들은 후에 부인은 한참 동안 내 손을 잡고 끄떡이면서 말했다.

"알베르트가 이혼하고 그 뒤에 내가 아내가 된 것은, 신의 뜻임에 틀림
없어요."

나는 돌아오려고 일어섰으나, 부인이 그때까지 침통해 하는 것을 보고
이렇게 말했다.

"남편의 업적에는 당연히 긍지를 갖고 계시지요."

부인은 의아스러운 표정으로 나를 쳐다보았다. 나는 작은 목소리로 말
했다.

"상대성이론에 대해서는 어떻게 생각하십니까?"

부인은 질문을 떨쳐 내려는 것처럼 손을 흔들었다.

"항상 그렇게 질문을 받아요. 나는 아무것도 몰라요. 알려고도 하지 않
아요. 그렇지만 남편이 하는 일은 알고 있어요."

그녀는 맑은 하늘 빛 눈동자로 불안스럽게 나를 보았다. 나는 얼른 생
각이 나서 "이전에 위험한 일을 당하셨다고 하셨지요. 좋으시다면 이야기
해 주시지 않겠습니까?"라고 물었다.

"생각하면 지금도 몸이 떨려요."

부인은 손을 꼭 잡고 말하기 시작했다.

"5년이나 지난 일인데, 어떤 여자가 남편을 만나러 왔어요. 그 이유를 물어도 아무 말도 하지 않았어요. 위험을 느낀 나는 경찰에 연락했는데, 갑자기 그 여자가 커다란 모자 꽂이 핀으로 내게 덤벼들었어요. 서로 뒤얽혀 싸우고 있는 사이에 경찰이 와서 그 여자는 연행됐어요."

무서운 경험을 떠올려서 마음이 상한 부인은 상체를 내밀어 내 팔을 잡으면서 간청을 했다.

"남편에게 독일을 영원히 떠나도록 설득할 수 없을까요?"

나는 그 뒤에 가려진 절망감을 꿰뚫어 보고 놀랐다. 나의 마음을 알아차린 듯 그녀는 말했다.

"남편은 앞날을 내다 보지 않고 위험을 감수하는 사람이에요. 라테나우가 암살된 후에 반전운동 때문에 오픈카에 타고 베를린 시가를 행진할 때 나는 거의 정신을 잃을 정도였어요. 남편은 어린아이 같은 사람이죠. 나는 어떻게 하면 좋을까요?"

"저분께 이렇게 하라느니 저렇게 하라느니 하는 것은 어려울 텐데."

조각사는 빙긋이 웃었다. 그리고 나서 내 쪽을 향해서 말했다.

"어떤 친구가 역시 독일을 떠나라고 권유했을 때 그는 이렇게 대답한 것 같은데요. '내가 위험한 가운데 있다고는 생각되지 않는다. 지금도 기분 좋은 침대에서 잠자고 있는 기분이다. 물론 간혹 벌레에 물리는 때도 있지만.'"

아인슈타인 부인은 두 손을 가슴 앞에 꽉 쥐고서, 내 쪽에 걸어와서 말했다.

"어쨌든 남편을 라디오 프로그램에 출연시키지 마세요. 그렇지 않으면 헤르만 박사님도 블랙리스트에 올라가게 돼요"

"독일 민중의 눈을 뜨게 하지 않으면 안 됩니다."

부인은 갑자기 어깨를 늘어뜨리고서, 남편에게 내가 가는 것을 말하러 갔다. 조각사는 덧붙여 말했다.

"부인이 신경질적으로 되는 것도 무리가 아니죠. 언젠가 아인슈타인 부부가 극장에 갔다가 늦게 돌아왔는데 입구에서 두 사람의 수상한 남자가 기다리고 있는 것을 보았대요. 그래서 반 시간 정도 그 주변을 돌아다니다 돌아와 보니 남자들이 안보이더래요. 관리인에게 물어 보았더니 그들은 교수님의 제자라고 말했던 것 같았다고. 물론 그런 말을 믿을 사람은 없지만요."

그는 조각품을 가리키며 냉소를 지으면서 말했다.

"이 청동이 다른 목적으로 쓰이지나 않을까 걱정할 때도 있어요. 베를린 대학의 학생들이 뉘른베르크[36]로부터 따님을 위해서 크리스마스 선물을 주문한 교수의 말을 하고 있었는데, 상자의 겉면에는 인형과 마차의 그림이 예쁘게 그려져 있었는데, 안에 든 부품들을 짜 맞추어 보았더니 생각도 못한 기관총이 되었다고 하잖아요!"

그런데 아인슈타인이 들어와서 이야기의 끝 부분을 들었는지, 조각사에게 이렇게 말했다.

"그렇고말고, 나도 주의해서 연구실 가운데보다도, 이 세계에서 살아남지 않으면 안 되지."

그는 나를 문간까지 데리고 갔다. 바깥에 한 발 내디딘 순간 무의식중에 이런 말이 튀어 나와 버렸다.

"선생님, 성함과 날짜를 사인해 주시지 않겠습니까?"

---

36) 뉘른베르크(Nürnberg): 15~16세기에 학예의 중심지로 발전한 독일의 마을. 제2차 대전으로 무참하게 파괴되었다.

우리들은 서재로 되돌아가서 아인슈타인은 하이네의 시집들만이 있는 책장을 가리키며 말했다.

"하이네가 100년 전에 쓴 '번개천둥 신은 목숨을 빼앗고, 가톨릭 성당을 거대한 망치로 때려 부술 것이다.' 라고 한 구절은 얼마 안 있어 현실이 되겠지. 히틀러가 가톨릭 대성당을 파괴할 테니까."[37]

그는 크게 숨을 내쉬었다.

"참혹한 일이야. 어찌하면 좋을까."

책들과 파일 속의 종잇조각을 찾으면서 그는 중얼거렸다.

"자네는 참으로 좋은 시기에 와 주었네. 겨우 사태를 알게 되었어."

찾아낸 연극 초대장의 뒷면에 그는 이렇게 적었다.

"사건의 기념으로. 1930년 3월 4일. 알베르트 아인슈타인."

나의 사생활에 생긴 사건에, 참으로 대범하신 이 유명인에게, 이러한 재난을 기록하게 해서 나는 코가 높을 대로 높아졌다.

"아인슈타인 선생님. 이 기록은 기고만장한 제 마음이 얼마나 상처받아 선생님이 경관에 어떤 취급을 받았는지를 세계에 증명하는 것이 되겠지요."

아인슈타인과 내가 아파트 바깥 회랑에 나오자, 저 멀리서 위세 당당한 노랫소리가 들려왔다. 행군은 몇 블럭 저쪽에서 하고 있는데도 노랫소리는 이 바바리아 사람들 구역의 우아한 아파트 거리의 뒤편에 있는 공원 너머서 들려왔다. 우리들은 잠시 멈춰 서서 들으면서 영원이 계속 되는 것인 듯 기다리고 서 있었다. 마치 연극 개막에 늦게 와서 무대에 방해가 되지 않도록 숨을 죽여 가만히 앉아 있는 관객처럼 보였다. 연극을 하

---

37) 가톨릭 대성당을 파괴할 것이기 때문에: 나치의 출현을 예언했던 것이 아닌가라고 하는 1절 하이네 시집 《Salon》.

는 사람은 독일 사람, 관객도 독일 사람이었다. 그러나 무대에서는 압도적인 증오감이 우리들을 향해 덮어씌울 듯이 밀려왔다.

나는 돌연히 공포감에 싸여서 말했다.

"아인슈타인 선생님, 계단에 서 있던 남자는 주머니에 피스톨을 감추고 있었는지도 모릅니다. 선생님을 죽인다면 보수를 받기로 되어 있었는지도. 무엇을 노래하고 있는지 아십니까? 저 노래는 1914년 프랑스에 진격할 때 불렀던 노래입니다."

아침노을이여 타오르는 하늘이여
저 빛은 젊은 죽음을 가져온다.
아침에 당당하게 군마軍馬에 올라타지만
저녁에는 가슴을 뚫는 탄환에 넘어지리라.

아인슈타인은 작은 목소리로 말했다.

"인간의 존엄성에 대한 얼마나 모독인가. 다시없는 재능과 이성을 거의 쓰지 않은 채 감정과 본능 그대로 움직이고 있지."

"이 책임은 괴벨스에게 있습니다!"

나는 계속했다.

"그는 젊은이들을 선동한 장본인입니다. 어느 빵집의 16세 견습공은 가톨릭 신앙을 지켰기 때문에, 가두의 소란으로 죽음을 당했습니다. 그는 그 근처의 주민인데, 매일 하숙집의 아주머니에게 신선한 빵을 가져다 주어서 저는 모친을 조문하려고 방문했었죠. 가서 보니까, 관棺은 갈색 양복을 입은 네 명의 소년이 지키고 있었어요. 놀랍게도 소란을 떨었던 베를린 지방장관인 괴벨스로부터도 조의가 전달되어 있었어요. 아인슈타인 선생님도 정신이상자에게 총 맞거나 하면, 틀림없이 같은 꼴이 됩니다."

그는 어딘가에 숨고자 하는 듯이 몸을 움츠리는 것처럼 보였다. 그리고 넓은 어깨를 쪼그리고 머리를 추켜올려 지붕 위로 통하는 계단을 쳐다보았다.

"여기가 피난처지."

그는 시원스럽게 말했다.

"여기에 있으면 안심이야."

"예, 선생님. 증오로 말미암아 선생님의 연구실과 공식을 장사지내게 할 수는 없습니다."

갑자기 나는 그의 팔을 쥐어 잡았다.

"그러나 이젠 국제연맹이 기능하지 않습니다. 무솔리니를 제지하지 않았고, 하물며 히틀러에 대항하는 힘들은 없습니다."

아인슈타인은 가볍게 고개를 끄덕였다.

"국제연맹은 태어날 때 이미 죽어 있었네. 조약을 강제하려고 하면서도 힘을 행사하는 수단을 갖지 않았어."

나의 증오하는 마음을 알아차리고 그는 친절하게 충고했다.

"국제연맹을 위해서 일하고자 하는 꿈은 잊어버리게나. 그 대신에 마음가짐을 현실로 돌려야 해. 자네들의 세대를 집결해서 모두에게 나치선전의 기만성을 알려야 돼. 기성 세대는 젊은이들을 제1차 대전에 내세웠다가, 이제 또다시 살육殺戮의 장으로 꾀어내려 하고 있어. 자네는 Verdun의 전투를 체험했지. 전쟁이 어떤 것인가를 알고 있지 않은가."

나는 그에게 손을 내밀어 최선을 다할 것을 약속했다.

"우리들은 힌덴부르크에게 편지를 써 보내야만 해요."

"헛수고가 될 것이네. 그는 내가 얼마나 군대를 싫어하는지를 잘 알고 있기 때문이지. 전쟁터에서 알지 못하는 적을 죽이는 것이나, 베를린 거리에서 시민을 저격하는 것도 살인죄인 사실에는 다름이 없지. 훈장과 영예로 보답 받는 사실과 처벌 받는 차이는 있지만."

뒤에서 문이 열리면서, 삐걱하는 소리가 났다. 아인슈타인 부인이 작은 목소리로 말했다.

"알베르트, 바깥은 아주 춥지 않을까요?"

그 목소리는 그의 귀에 들리지 않은 것 같고, 문은 또 다시 닫혔다. 그의 눈은 다시 행진하는 소리가 한 단계 더 높이 들릴 것 같은 창문 쪽으로 쏠리고, 잠시 그의 얼굴은 찌푸려졌다. 그는 아파트 쪽으로 급히 돌자 마자 뒤쪽으로 나아가 서서 말했다.

"독일의 젊은이가 이런 행동을 하는 것도 이상하지는 않네. 나의 은사님이 주머니에서 기다란 녹이 슨 못을 꺼내 '이런 못으로 유대인들은 그리스도를 십자가에 못 박았다.' 라고 말한 것을 잊을 수 없어. 그 당시 나는 아직 어렸지만 이미 유대인이란 사실의 비극을 피부로 느끼고 있었지. 그곳은 가톨릭 학교였기 때문에 프로이센의 학교 가운데서도 지나치게 반유대 기풍이 강했던 것은 상상할 수 있지."

그는 한숨을 내쉬고 이마를 닦았다. 닦고 싶었던 것이 땀이었는지 그렇지 않으면 기억이었는지. 나는 창을 통해서 아래쪽 거리를 내려다보았다. 몇 백이나 되는 부츠가 망치처럼 길바닥을 내리치고 그 발자국 소리는 등줄기를 오싹하게 울렸다. 나는 말했다.

"이 아이들의 부모들이 열심히 교회에 다니고, 그 아이들이 학교에서 종교교육을 받고 있다니까요! 저는 수개월 전에 홈볼트 클럽의 일원으로 여당연합에 속한 민주당과 사회당, 가톨릭 중앙당의 입장을 알고자 국회에 갔습니다. 클럽의 입장을 대변해 줄 사람을 찾고 있었지만, 모두 히틀러의 보복을 두려워하고 있었어요."

아인슈타인은 커다란 갈색 눈으로 나를 노려보았다.

"중앙당이라니? 가톨릭 교회의 역사를 알면 중앙당을 신용할 마음이 없어지지. 히틀러는 러시아의 볼셰비키[38]를 말살하겠다고 약속하지 않았나. 그렇다면 교회는 가톨릭 병사가 나치들과 함께 행군하는 것을 축복할 거야."

"그럼 아인슈타인 선생님, 새로운 피의 숙청이?"

아인슈타인은 비웃듯이 웃었다.

"교회는 신과 황제와 조국과 함께 있는 병사를 축복하는 것이 아니었던가?"

아인슈타인은 성서에 나오는 예언자처럼 엄숙하게 말했다.

"히틀러가 권력을 잡기만 하면, 바티칸[39]은 히틀러를 지지하는 쪽으로 돌아설 거야. 콘스탄티누스[40] 이래 교회는 세례를 받고 미사를 드리는 것이 허가되기만 하면, 독재국가를 선호해 왔지."

나는 그의 손을 잡았다.

"아인슈타인 선생님, 저는 최악의 사태가 두렵습니다."

아인슈타인은 고개를 끄떡여 동의했다.

---

38) 볼셰비키(Bolsheviki): 러시아 사회민주노동당이 1903년에 분열했을 때 레닌에 의해서 영도된 다수파. 구 소비에트 공산당의 전신.

39) 바티칸(Vatican): 이탈리아 로마 시내 서북부에 있는 나라. 세계에서 가장 작은 면적(0.44k㎡), 인구 700~800명의 독립국. 이른바 Vatican City State. 가톨릭교의 수장인 교황을 원수로 하고 교황청이 있다.

40) 콘스탄티누스(Constantinus): 로마 황제의 이름. 특히 1세(280년경~337년, 재위 306~337년)는 '대제'라고 칭송되었다. 분열되었던 로마를 다시 통일해 수도를 콘스탄티노플로 옮기고, 기독교를 처음으로 공인. 니케아 협의회(325)에서 삼위일체설을 기독교의 정통으로 정하였다.

"하이네도 기독교는 독일의 전의戰意를 약화시킬 수는 있지만 근절시킬 수는 없을 것이라고 썼을 때, 최악의 사태를 겁내고 있었어. '십자가'라고 하는 믿을 수 없는 지킴이가 위력을 잃든 말든, 옛 무사들의 바보스런 열광이 또다시 소동을 부리기 시작하네. '번개 신은 목숨을 빼앗고 가톨릭 성당을 거대한 망치로 때려 부술 것이다.' 라고."

　"하이네가 말한 그대로입니다."

　"괴벨스 신문에는 그런 튜턴인의 광폭함이 나타나 있습니다."

　아인슈타인은 뚫어질 듯한 눈초리로 나를 보았다.

　"헤르만 박사, 라디오로 나에 대한 것을 방송하는 일은 그만두게. 자네가 위험에 노출될 것 같은 육감이 드네."

　"그러나 Verdun의 전장戰場에서, 만약 신이 저를 구원해 주시기만 한다면 목숨이 있는 한 신에게 봉사하겠다고 서약을 했어요. 제가 믿는 것은 우주의 법칙을 통해서만 말하는 신이 아닌, 인격을 가진 신입니다. 그렇게 여기는 것은, 이 서약 이래로 네 번이나 전장에서 구조를 받았기 때문이지요. 저는 형이상학자입니다."

　아인슈타인은 미소지었다.

　"그렇다면 나는 믿을 수 없는 형이상학자이지. 느낀 것만을 말할 수 있을 뿐이니까. 히틀러 정권 하에서 새로운 세계대전이 일어날 거야. 언제라고는 말할 수 없지만, 일어날 것이라는 느낌이 들어. 구변이 교묘하고 능숙한 히틀러는 독일 사람들에게 자기들은 우수한 북유럽 인종이라는 '튜턴 신화'를 불어 넣었어. 물론 독일 사람들은 권위에 약하지. 그래서 그들은 그들의 본성을 나타내었지. '나가자, 전쟁터를 찾아라, 죽여라. 모두가 독일의 것이다!' 라고 하는데 민주주의 원리로 이룩된 바이마르 공화국은 견디지 못하겠지. 우주의 섭리에 따라 독일은 망하고, 그 후 세대가 히틀러가 뿌린 씨를 거두게 될 거야."

그는 커다란 갈색 눈으로 나를 보았다.

"아마도 아내가 말한 것이 옳고, 미국에서 귀국해서는 안 될지도 모르지. 그러나 돌아오지 않아서야 되겠는가. 선량한 독일 사람들이 있다고 믿고 있기 때문이지."

이 분은 어쩌다 어린아이처럼 사람을 믿는단 말인가.

"선량한 독일 사람들이라고요? 막상 일이 터지면 독일 사람들은 양심을 버리는 결정을 한다고 말씀하시지 않았습니까?"

내 말에 힘을 실어 주는 것처럼, 때맞춰 창문으로부터 들려오는 노랫소리는 한층 더 커졌다.

"우리들이 과일 깎는 칼로 유대인들의 피를 용솟음치게 하면, 세계는 훨씬 더 잘 되는 거야!"

"이것이 미래의 선한 독일인들입니다."

나는 아래쪽을 손가락질하면서 말했다. 아인슈타인은 꿈에서 깨어난 것처럼 잠깐 서 있었다. 그는 창문 쪽을 향해서 손으로 귀를 가렸다. 그리고 나서 다락방의 자기 연구실을 쳐다보기에, 그 방에 들어가서 책과 공식들에 익숙해진 세계에 몰두하는 것이 아닌가 여겨졌다. 그러나 그는 움직이지 않았다. 그는 머리에 얹고 있던 손을 내리고, 주저하면서 나를 보고 낮은 목소리로 말했다.

"유대인들에게는 좋지 않은 상황이란 느낌이 드네."

그는 나의 어깨에 손을 얹고 쏘는 듯이 시선을 돌렸다.

"아직 무엇인가를 할 수 있을까."

천천히 창문에서 멀어져 나와 문 쪽을 향하면서 그는 중얼거렸다.

"독일을 구원하기 위해서 무엇을 할 수 있을까?"

그는 내 앞에 섰다. 언제 울기 시작해도 이상하지 않을 정도로 서럽게 보였다.

"헤르만 박사, 이 사태를 목격한 이날에 자네가 나를 만나러 온 것은 우연이 아니네. 벌써 늦었지만 해야 할 일이야. 인심을 바꾸지 않으면 안 돼. 내 한 몸에 어떤 일이 있어도 자네가 계속해 줄 것같이 느껴지네."

손을 내밀고 싶었는데 아인슈타인은 이미 발뒤꿈치를 돌려, 열쇠를 돌려서 문을 열고서는 뒤도 돌아보지도 않고 문을 닫았다.

나는 멍하니 그 자리에 멈춰 서 있었다. 몇 시간 전에 여기서 만난 남자의 여운을 음미하려고 하는 것처럼. 머리 안에서 "인심을 바꾸지 않으면 안 돼. 내 한 몸에 어떤 일이 있어도 자네가 계속해 줄 것같이 느껴지네."라고 한 말이 메아리치고 있었다.

일신의 안전에 흡사 대범하게 보이는 아인슈타인이 이렇게 말한 것은, 꺼림칙했던 남자와 행진하는 젊은이가 부른 증오와 같은 것에 대해서 결코 익숙해져 있지 않음을 말하고 있었다.

그럼에도 불구하고 나는 만족해 하고 있었다. 이 불길한 날은 생애에 최고의 보물 중의 하나를 내게 가져다 주었기 때문이다. 그것은 펜으로 다음과 같이 짧게 적은 한 장의 편지다.

<사건의 기념으로. 1930년 3월 4일. 알베르트 아인슈타인>

경찰에서의 체험을 기념으로 아인슈타인이 쓴 메모

미국 망명과 새로운 신앙을 만나다

/ 1943년 8월

## ● 서문

　　1934년 1월 24일, 나는 게슈타포[1]에 쫓겨 라인 강을 건너 프랑스로 망명했다. 아인슈타인과 동일한 망명자가 되었던 것이다. 그 후 새로운 조국을 찾아서 3년 동안이나 세계 곳곳을 전전하다가, 미국인과 결혼한 누이 '힐다'의 도움으로 입국 비자를 얻어 미국 시민이 될 수 있었다. 그 일은 아인슈타인과 다시 개인적인 접촉을 가질 기회를 갖게 했다.

　　내게는 그렇게 할 만한 이유가 있었다. 한 번 더 히틀러에 대항해서 떨쳐 일으켜 세우지 않으면 안 될 정도로 사태는 심각해졌다. 히틀러는 어떤 독일의 '기독교 일파'가, 1937년 4월에 펴낸 "히틀러의 말은 신성한 권위를 가진 신의 법이다."라고 한 선언을 실현하기 위해서, 세계를 전쟁에 끌어 들이고 있었다. 교회 담당 장관인 한스 케를Hanns Kerrl은 "아돌

---

1) 게슈타포(Gestapo): 나치 독일의 비밀 경찰. 정식 명칭은 비밀 국가경찰이다. 1933년에 창설되어 '반 나치운동'과 유대인 찾아내기에 폭위를 떨쳤으며, 1945년에 해산되었다.

프 히틀러야말로 참다운 성령이다(Langer, Walter C, "The Mind of Adolf Hitler", Basic Books, N.Y. 1972)."라고 거리낌없이 공언했다.

흡사 융Jung[2]의 공시성원리共時性原理나, 혹은 의미있게 딱 맞아 떨어지도록 유도된 것처럼, 1937년 뉴욕에서 미국 땅을 밟고 처음으로 마주친 사람이 친독협회를 방문하도록 초청해 준 독일인 학생이었다. 곧 바로 그곳을 방문한 나는 회원들을 끌어당길 수 있는 요소라고 여겨지는 것을 목격했다. 회원들이 클럽의 의자에 앉아서 맥주를 마시고 있는 사이에, 성배기사단聖杯騎士團의 은색 의장을 입은 히틀러의 착색 사진이 회람되고 있었다. 저명한 성과학자인 마그누스 히르쉬펠트Magnus Hirschfeld가 히틀러에 대해서 말하고 있었다. "젊었을 때의 동성애 체험을 부끄러워하는 기분과 섹스할 때 여성 역을 연출한다는 피학대성욕도착증masochistic인 당착된 성벽性癖이 그 보상으로서 히틀러에 이렇게 씩씩한 모습을 갖게 하고 있다."

특히 "신성한 독일을 믿는다. 신성한 독일은 히틀러이다! 신성한 히틀러를 믿는다."라고 하는 말을 유행시켜, 독일 사람들을 취하게 한 《나의 투쟁》 속에 그것이 확실하게 나타나 있다고 하는 것이다.

마그누스 히르쉬펠트가 그의 성문제개발협회의 지원을 하는 이들의 작은 모임에서 히틀러에 대해서 말한 것이 계기가 되어, 나는 1932년에 힌덴부르크의 초상을 그린 유명한 화가인 막스 리베르만Max Liebermann[3]을 방문했다. 히르쉬펠트의 말을 널리 퍼뜨리기 위해서는 안

---

2) 칼 구스타프 융(Carl Gustav Jung): 1875~1961, 스위스의 심리학자. 인간의 성격 분류를 시도하여, 내향형과 외향형으로 나누었다. 프로이트의 정신분석학을 발전시켜 꿈과 무의식 상태의 연구도 했다.
3) 리베르만(Max Liebermann): 1847~1935, 독일 인상파의 대표적인 화가. 판화가.

성맞춤의 인물이라고 여겼던 것이다. 그러나 거기서 리베르만 자신이 게 슈타포의 감시의 눈을 감지하고 있음을 알았다. 그는 대통령의 비호가 없 었으면 벌써 강제수용소에 보내졌을 것이라고 말했다. 그럼에도 불구하 고 베를린 미술관에 소장된 그의 그림은 처분되고 말았다.

나는 또 베를린 국립극장에서 개최된 극작가 하웁트만Gerhard Hauptmann[4]의 70세 생일 축하 공연 '가브리엘 쉴링의 비행' 이란 그의 유 명한 작품에 초대받은 기회에 그를 설득하려고 했다. 휴식시간에 하웁트 만의 특별석 자리에 가 보기는 했지만, 가슴 속의 말을 할 기회가 없었다. 그곳에서의 대화는 당일 출석자들의 복장처럼 의례적인 것이었다. 그의 부인은 다이아몬드 장신구를 주렁주렁 달아 놓은 오렌지 색깔의 실크드 레스를 입고 있었다. 하웁트만은 작가협회의 회장이고 나의 시를 수집해 주고 있었는데, 극의 두 사람의 주역인 베르너 크라우스와 엘리자베스·바그너의 화제에서 도무지 떠나려 하지 않았다.

반히틀러 동지를 찾고 있었던 나는, 1932년에 이번에는 황제Kaiser의 두 번째 부인을 끌어들이려 했는데 2월 28일에 운터덴린텐 거리에 있는 황태자의 궁전에서 개최된 야회 무도장에서 만나지 못하고 말았다.

황후는 당시 네덜란드의 돈Doorn에서 함께 살고 있던 남편인 전 황제 빌헬름Wilhelm 2세를 복위시키려 획책하고 있었고, 2주일 후의 선거에서 히틀러에 투표하도록 우리들에게 요구하고 있었다. 이날 밤에 초대된 사 람들은 지위가 높은 귀족들과 장군들, 그리고 시인이면서 젊은 외교관인 나와 같은 인물들이 거의 전부였다. 다시 말하면 각계의 영향력이 있을

---

4) 하웁트만(Gerhard Hauptmann): 1862~1946, 독일의 극작가, 소설가. 독일의 자연주의의 대표자. 입센의 영향을 받아 꿈 같거나, 또는 사회주의적인 작품들을 썼다. 대표작으로는 《해 뜨기 전》, 《고독한 사람들》 등이 있다. 1912년 노벨문학상 수상.

것 같은 사람들로서 황후는 각 그룹 사이를 오가며 "히틀러가 공산주의자인 아우기아스 왕의 마굿간[5]을 깨끗하게 치워준 새벽에는, 두 번 다시 우리들이 나설 기회가 오는 거요."라고 말을 하고 있었다. 그녀를 반 히틀러 진영에 집어넣으려 했던 나는 다른 객실로 가려고 하는 그녀의 뒤를 황급히 쫓아가서, 온통 보석을 박아 넣은 빨간색 벨벳 자락에 위험스럽게 다가서게 되었다.

"폐하, 히틀러는 사악한 놈입니다!"

나의 비통한 말에 그녀는 잠깐 놀란 것 같은 얼굴을 지었으나, 곧 바로 웃음 띤 얼굴로 돌아와 이렇게 말했다.

"헤르만 박사, 이 세상에 사악하지 않는 사람이 있나요? 그렇지 않으면 모두 천사의 날개를 갖고 있어 어느 곳이든 날아다니고 있지 않을까요."

그 다음날 밤, 독일 민주주의의 보루여야 할 국회의사당이 불타버렸다. 이때, 독일에 머물 수 있는 날도 그리 길지 않을 것을 깨달았다. 곧 이어 황태자 궁전의 건너편에 있는 베를린 대학의 문 앞에서 몇천 권이나 되는 서적들이 공공연하게 불태워지고 말았다. 어떤 의미가 있는 사건이었을까. 나의 원고도 불에 던져진 것이다.

이러한 경험을 근거로, 나는 미국에서 전후 처리를 생각해 아인슈타인을 말하자면 회장으로 모시고 국제경찰을 창설할 준비를 추진하였다. 1943년 당시 교편을 잡고 있던 하버드 대학에서, 뉴저지 주 프린스턴 대학 출신의 학생들로부터 아인슈타인 교수가 병환으로 아무도 만나지 못

---

5) 아우기아스 왕의 마굿간: 30년간 방치해 두어 불결하기 짝이 없었던 아우기아스 왕의 외양간을 헤라클레스가 강물을 끌어와서 깨끗하게 청소했다고 하는 그리스 신화에서 인용. 쌓인 찌꺼기를 깨끗이 했다는 뜻으로 쓰이는데, 여기서는 히틀러를 헤라클레스에 비유하고 있다.

한다는 말을 들었다. 나는 편지로 1930년 베를린에서 처음으로 만난 기억들을 신앙 치료의 경험과 함께 적어 보냈고, 아인슈타인 교수는 1943년 3월 23일 날짜로 다음과 같은 답장을 보내 왔다.

친애하는 헤르만 박사

자네가 기록하고 있던 베를린의 나의 집에서 있었던 사건은 습격이 아니고, 보내온 원고를 오랫동안 방치해 두었던 내게 화가 난 정신장애를 지닌 작가의 방문이었네.
뒤의 화제(話題)에 대해서는 신앙은 신성한 행위를 하는 것이라고밖에 말할 수 없네. 단, 그것을 믿는 사람에 대해서 말이지, 그렇기 때문에 내게는 효과가 없고 자네에게만 효과가 듣는 것이라네.

A. 아인슈타인

아무리 생각해도 아인슈타인다운 말이 아닌가! 그는 목숨이 위험에 노출되어 있어도 "그렇고말고. 간혹 벌레에게 물리는 일은 있지만."이라고 말했던 것이다. 부인이 내게 말한 것처럼 '알베르트는 죽을 때까지 어린아이'일 것이다.

1943년 여름, 캠브리지 크리스천 사이언스 연구회의 연차회합에서 있었던 일이다. 어떤 하버드 대학의 교수가 아인슈타인은 크리스천 사이언

---

6) 크리스천 사이언스(Christian Science): 정식으로는 과학자 기독교인 교회. 1866년 메리 베이커 에디(Mary Baker Eddy)가 미국에서 창립한 기독교의 한 종파. 기도에 의한 치유를 특징으로 한다. 기관지인 〈The Christian Science Monitor〉는 일류신문으로서의 지위를 확립하고 있다.

March 23, 1943

Herrn William Hermanns
5 Bryant Str.
Cambridge, Mass.


Sehr geehrter Herr Hermanns:

Die Szene in meinem Haus in Berlin, die Sie erwähnt haben, war kein Putsch, sondern der Besuch eines geisteskranken Autors, der gegen mich aufgebracht war, weil ich damals sein Manuscript lange nicht finden konnte, das er an mich gesandt hatte.

Zu Ihrem andern Gegenstande kann ich nur bemerken: Glaube macht selig, aber nur die, die glauben, also nicht mich, sondern nur Sie.

Freundlich grüsst Sie

Ihr

A. Einstein.

1943년 3월 23일 아인슈타인이 저자에게 보낸 편지스Christian Science<sup>6)</sup>라고 하는, 물질 우주와는 다른 영적靈的 우주라고 하는 개념을 공유하고 있다고 말했다. 바로 그때 공시성共時性의 주선으로 나는 프린스턴 대학의 아인슈타인을 방문할 수 있었다.

몇 번이나 원조의 손을 뻗쳐 주던 조직에 은혜를 갚지 않으면 안 되겠다고 생각되어 나는 신앙 치료의 효과에 대해서 아인슈타인의 의견을 받아 내려고 생각하고 있었다. 프린스턴까지 차로 데려다 준 부인은 "물질은 현실이 아니에요. 메리 베이커 에디Mary Baker Eddy가 그것을 증명했어요."라고 말했다.

그녀의 호의가 공시성共時性 원리를 두 번 다시 움직여, 10년 동안이나 쌓이고 쌓인 나의 기도를 '내 영혼의 아버지' 아인슈타인의 곁으로 현실적으로 옮겨다 준 것이었다.

# 프린스턴 대학 아인슈타인 교수의 연구실

프린스턴 대학의 고등학술연구소는 마을에서나 대학에서도 멀리 떨어진 광대한 목초지의 가운데 있다. 비서가 뒤쪽 테라스에 안내해 줘서, 그곳의 평화롭고 아름다운 광경에 해묵은 긴장이 풀리는 듯 느꼈다. 푸른 안개 장막이 개이자 멀리에 있는 대학의 종각이 나타났다. 웃옷을 벗은 젊은 남자가 풀을 베고 있었다. 햇빛이 녹색의 벨벳처럼 보이는 잔디를 가로질러 멀리 있는 나무에 이르러 금색으로 가득 차 빛나고 있었다.

흰옷을 입은 백발의 남자가 나타나 이곳 소장이라고 한다. 그는 짧게 질문하고 나서 들어가더니 곧 바로 남자 한 사람을 데리고 돌아왔다. 순간 그 남자를 정원사 중의 한 사람인 줄 알았다. 남자는 조금 살이 찌고, 헐렁헐렁한 바지를 입고, 목 단추를 풀어 젖힌 녹색의 셔츠를 입고 있었다. 그가 아인슈타인이라는 것을 곧바로 알 수 있었다.

긴 은빛 머리칼이 어깨에 늘어져 있었다. 손을 내밀면서 그는 말했다.

"야아, 오래간만이네."

이 말을 듣고 소장은 들어가 버렸다.

"내 방으로 가세. 독일말로 이야기하자고……."

진정 찬성이었다. 그가 상대성이론을 쓴 것은 독일어였다. 나의 시도 많은 작품이 독일어로 쓰여졌다.

긴 회랑을 걸으면서 찾아온 목적을 다 하려면 어떻게 하는 것이 가장 좋을까를 생각했다. 이주자들의 장래와 국제경찰 및 공산주의, 그리고 물질 환상의 철학론 등, 말해야 할 것은 너무나도 많다. 나는 '영혼의 선생'의 면전에 있는 사실에, 너무 감격스러워 마음을 가누지 못했다.

그의 연구실은 단순하고 기능적이었다. 가구라고 하는 것이 몇 점의 그림과 커다란 테이블 뿐이다. 정원에 면한 부분은 전면이 창문이었다. 우리들은 앉았고, 아인슈타인은 내가 말하는 것을 기다리고 있었다. 그때 베를린에서 대화를 나눈 뒤 거의 13년의 세월이 흘렀고, 이렇게 3천 마일이나 떨어진 곳에 있다는 것을 아무래도 느끼지 못하겠다. 그의 얼굴은 주름이 지고 머리칼은 하얗게 되었다. 벌써 64세라고 하지만, 그는 여전히 활력이 넘쳤다.

나는 종이를 꺼내면서 설명했다.

"제자들 앞에서 인용할 때 틀리지 않게 하기 위해서입니다."

"오용 말인가."

그는 장난기 넘치게 웃고는 한숨을 내쉬었다.

"이 나라에 와서 몇 년이 되었나?"

"6년 정도 됩니다만."

"편지를 읽고 자네도 위험한 와중에 있었다는 것을 알았네."

그는 이 만남을 위해 내가 학생들을 통해서 보낸 두 통의 편지에 대해 말하기 시작했다.

"그렇지만 선생님 정도로 중요한 인물은 아닙니다. 나치는 이 목에 3만 마르크의 현상금을 거는 짓을 하지 않습니다."

아인슈타인은 웃으며 오른쪽 손으로 목을 만졌다.

"그런 것은 마음에도 두지 않았고, 사고思考하는 데 방해도 되지 않았네."

여읜 백발의 부인이 길을 지나가다가 창밖에서 우리들 쪽을 보고 있었다. 아인슈타인 부인을 닮았기에 사모님은 어떻게 지내시느냐고 물었다.

그는 한참 동안 나를 보고 있다가 말했다.

"아내는 7년 전에 세상을 떠났네."

나는 이빨로 혀를 깨물어 끊어버리고 싶은 느낌이었다. 그러나 곧 아인슈타인의 세계의 모든 것을 감쌀 것 같은 애정의 깊이를 생각해, 언제까지나 서러워하고만 있지 않았을 것이라고 생각되었다. "그러네요, 금방 잊어버려서."라고 혼잣말로 말했다.

"참, 선생님의 전기에 그렇게 적혀 있었습니다."

"전기라니?"

"그렇습니다."

나는 대답하고, 저자의 이름을 말했다.

"멍청이같이!"

그는 부르짖었다.

"나의 일을 전혀 모르는 자가, 어째서 전기 따위를 쓸 수 있지?"

"선생님에 대해 어떻게 적혀져 있는지, 읽어 보고 싶지는 않습니까?"

"전혀."

그는 머리를 흔들었다.

"될 수 있으면 그런 책은 이 세상에 존재하지 않기를 원하네. 나는 나를 그렇게 재미있는 인물이 아니라고 보네."

# 반 나치 활동의 좌절과 목숨을 건 독일 탈출

꽤 오랜 시간이 흐른 후에 나는 말했다.

"리베르만을 그의 84세 생일 때 방문했습니다. 인권연맹의 이름을 걸고 힌덴부르크 대통령을 만나서 그의 양심에 호소해 히틀러에 대항해 주시도록 부탁드리려고 생각했습니다."

이 시도가 성공하지 못한 사실을 알고 있는 아인슈타인은 애처로운 웃음을 띠었다.

리베르만을 방문 중에 하웁트만으로부터 생일축하 편지가 왔다는 의미 있는 두 가지 사건이 꼭 들어 맞은 것에 대해서도 이야기를 나누었다.

"이 편지로 하웁트만은 본성을 나타낸 것입니다. 오랜 친구인 리베르만에게 자기처럼 현역을 은퇴해서, 후진에게 길을 양보하도록 권유하고 있었어요. 그는 편지를 찢으면서 소리쳤어요. '위선자 놈의 새끼! 자기 연극 상연을 괴벨스에 금지되지 않도록 나치에게 영합했구나.' 라고요. 저는 찢어 버린 편지를 주워 모았습니다. 뭐라 해도 하웁트만은 저도 소속된 독일 작가협회의 회장이므로, 이날의 증거물로 챙겨 두고자 했어요. 그러나 그는 제 손에서 그것을 잡아채 불 속에 집어넣고 말았습니다."

아인슈타인은 말했다.

"레마르크[7] 토마스만[8] 베르펠 등과 같은 위대한 작가들이 나라를 떠났다고 하는데 하웁트만은 남아 있다는 것은 괘씸해. 예를 들어 나치가 리베르만의 그림을 '비 아리안' 예술이라 해서 미술관이나 화랑에서 추방하더라도 영광은 그에게 있어. 명성과 영예가 반드시 양립하지는 않는 것이지."

나는 베를린에서 헤르미나Hermina 황후를 만난 이야기를 했다.

"폐하, 히틀러는 사악한 놈입니다."

아인슈타인은 일단 일어섰다가 다시 앉았다.

"잘도 그런 일을!"

그는 두 손을 들고서 말했다.

"그런데도 자네는 이렇게 무사한 걸 보니, 철십자 훈장을 단 군복이라도 입고 있었나?"

"아닙니다. 입고 있었던 것은 이브닝 코트였는데, 훈장의 약장도 달고 있지 않았습니다. 알다시피 저는 평화주의자이기 때문에. 다른 곳에도 사

---

7) 레마르크(Erich Maria Remarque): 1898~1970, 독일의 소설가. 제1차 세계대전에서 돌아온 후, 1929년에 반전 소설《서부 전선 이상 없음》을 발표, 일약 유명해졌다. 그 후《3인의 전우》와《돌아가는 길》등을 썼지만 나치가 대두함에 따라 스위스를 거쳐 미국에 망명. 제2차 세계대전 전야의 불안한 세상을 묘사한《개선문》으로 다시 문명을 드높였다.

8) 토마스만(Thomas Mann): 1875~1955, 독일의 시민 작가. 시민 생활과 예술가 정신의 대립을 추구해서 새로운 인간주의 탐구의 길을 개척. 나치의 비인간성을 고발하기 위해 미국에 망명. 1929년 노벨문학상 수상.

복을 입은 적이 있었습니다. 프리츠 타이쎈Fritz Thyssen[9]도 거기에 있었던 것 같습니다."

아인슈타인이 말을 가로막았다.

"산업계의 중진이지. 물론 타이쎈도 전쟁이 일어날 것을 알면서도 히틀러의 후원 단체에 들어갔을 거야. 즉, 타이쎈과 크룹Krupp[10]과 스틴네스Stinnes 등은 자기회사 제품을 팔고 싶었던 거지."

아인슈타인은 소리 질렀다.

"그래서 그놈들은 자네도 그 음모에 가담하기를 바랐을 거야."

"예, 그 모임은 '헤르미나 황후의 자선 바자회'라고 하는 이름이 붙여져 있었습니다. 황후는 제가 방문하니까 곧 바로 테이블 가득히 놓여 있는 선물 가운데서 제가 드린 시를 보여 주셨어요."

아인슈타인은 말했다.

"반전시 〈VERDUN〉도 있었던가?"

"그렇습니다. 그녀는 제가 평화주의자임을 알고 있었습니다만, 너그러우신 분이었어요. 바로 그날 밤의 사건, 어느 백작과 황제의 전직 대신으로부터 호엔촐레른가Hohenzollern와 히틀러가 손을 잡지 않을 수 없다는 것을 들려 주었어요. 히틀러는 그들의 사생활과 동프로이센의 광대한 토지 매매에 얽힌 오스트힐페 스캔들을 모조리 다 알고 있고, 시키는 대로 해서 자기를 지지하지 않으면 정권을 잡고 나면 토지를 전부 몰수할 것이라고 협박했겠지요. 유대인 친구가 있는 황태자까지도, 공식적으로 히틀

---

9) 프리츠 타이쎈(Fritz Thyssen): 1873~1951, 크룹(Krupp)과 나란히 불리는 철강 산업 중심의 거대 기업. 그룹인 타이쎈 콘체른(Thyssen Konzern)의 2대째 총수.

10) 크룹(Krupp): 독일 철강 산업 중심의 재벌. 1812년에 공장을 루르지방의 에센에 창설. 독일 제국시대와 나치시대에 독일 최대의 병기 제조회사로 변신, 제2차 세계대전 후에 그 일족은 전범으로 지명되었다.

러를 지지할 정도이니까요."

아인슈타인은 고개를 끄덕였다.

"순수한 마음이 제일이지. 히틀러가 황후의 재산을 노리고 있을 적에, 자네는 그 여자의 마음에 양식을 대어 주었구먼."

나는 이렇게 대답했다.

"아인슈타인 선생님도 황후가 훌륭한 여성이라는 것은 인정하시지요. 우리들에게는 공통의 친구가 있었습니다. 신학자인 그루츠마허 Grutzmacher 교수입니다. 그분이 〈VERDUN〉을 들려 주었더니, 황후가 눈물을 흘렸다고 말해 주셨어요. 알다시피 그녀는 첫 번째 남편을 제1차 대전에서 잃고, 전쟁으로 인해 참혹한 변을 당했어요."

잠시 말이 없다가 아인슈타인은 말했다.

"〈VERDUN〉에서 기도한 신은 자네를 독일로부터 구해 낸 것이 틀림없어. 그 프로이센 사람들의 그룹과 황후도 프리드리히Friedrich 대왕[11]의 영광을 부활시키기 위해서 히틀러를 필요로 했네. 그래서 그날을 꿈꾸고 스스로 자식들을 군대에 입대시킨 거지. 자네의 히틀러에 대한 언동을 생각하면, 용하게도 무사히 지내고 있었다고 생각되는군."

"호엔로에Hohenlohe 황자도 그 자선 바자회의 일원이었으나, 훗날 파리에서 만났을 때 참가 멤버들 가운데 게슈타포로부터 달아날 수 있었던 사람은 단 다섯 명뿐이었을 거라고 말씀했어요."

나는 의자에서 일어섰다.

"선생님은 1930년, 선생님과 히틀러의 이야기를 방송해서는 안 되는

---

11) 프리드리히 대왕(Friedrich der Grosse): 1712~1786, 프로이센의 계몽전제군주. 프리드리히 2세의 별칭. 독일 제후들과 동맹을 맺어 오스트리아에 대항. 오스트리아 계승 전쟁, 7년 전쟁으로 슐레지엔을 영유, 군비를 공고히 하고 학문과 예술의 진흥을 꾀했다.

데, 방송하면 목숨이 위태롭다고 경고를 받았지요. 정말 그대로입니다. 수년 후에 200년 만에 인기가 새로 뜨고 있었던 페르골레시Pergolesi의 음악에 대한 방송 대본을 가지고 베를린 방송국에 갔을 때의 일입니다. 놀랍게도 국장인 쿠처Kutscher가 유대계 사람이라는 이유로 해고당한 데스와Dessoir 교수의 후임으로, 제게 방송국의 요직에 취임해 주기 바란다고 말하는 것이 아니겠어요. 저의 조모님도 알리야 사람이 아니라고 말하니까 그는 멍하니 저를 쳐다보고 이렇게 말했어요.

'자네를 Verdun의 용사로서 후하게 대우하려고 했었네. 그러나 이제 와서 생각해 보면 자네가 만든 프로그램 〈천재와 불굴〉은 아인슈타인과 총통을 교묘히 견주고 있었어. 천재는 내면에서 생기는 것이고 군중의 환호로 탄생하는 것이 아니라고 하는 등, 대담하게 주장하고 있었지. 그렇지만 헤르만 박사, 여기에 있는 것은 바람직하지 않네. 알리야 사람이 아닌 사람들은 이 건물에 들어오는 것을 허락하지 않는다네. 수위의 제복이 눈에 띄지 않는가? 여기 사람들은 누구나 갈고리 십자가를 이것 보란 듯이 달고 있네. 나까지도 옷깃 밑에 숨겨 달고 있을 정도지. 자네를 여기서 혼자 내보낼 수 없겠군. 출입문에서 신원조사를 당할테니까. 어제도 그들은 어떤 남자를 공산주의자의 스파이라고 하면서 친위대 본부에 처넣었지.'

그는 이렇게 말하고, 차를 대기시켜 놓은 뒷문으로 저를 내 보내주었어요."

아인슈타인은 고개를 끄떡이고, 나는 자리에 앉았다. 그는 한참 동안 말없이 파이프 연기를 내뿜고 있었다. 나는 말을 계속했다.

"시詩 때문에 위험에 처했던 일도 있어요. 선생님이 〈전쟁〉이란 시를 젊은이들 사이에 돌려 읽도록 하면 어떻겠냐고 말씀하신 적이 있어요. 그래서 저는 훔볼트 클럽에 가져갔습니다. 그래서 어떻게 되었으리라 생각하십니까? 멤버 중의 한 사람이 말할 필요조차 없이 친위대에 있는 형에게 그것을 넘겨 버린 거예요. 그런데 그것이 나치의 고급간부 사이에서 좋은 평판을 얻어, '이렇게 전쟁을 찬미한 시는 들어본 적이 없다.'고 하는 것이었어요! 외교관이 되도록 되어 있었던 이 멤버에게 나의 시는 전쟁을 반대하기 위해서 쓴 것이라고 말했지만 '독일 사람은 미묘한 차이를 모르고, 희지 않으면 검은 어느 한 쪽이 되어 버리고 마는' 천진난만한 사람들이었어요."

파이프의 연기를 몇 번이나 뿜어 내고 나서 아인슈타인은 말했다.

"음, 자네를 Verdun에서 구한 신은 지금까지도 영험이 있군. 그렇지 헤르만 박사, 나는 전통적인 유대인이야. 율법과 정의의 신을 믿고 있지. 독일은 이 전쟁에서 승리할 리가 없어."

그는 어깨를 움츠리며 한숨을 내쉬었다.

"그렇지 않으면, 이 세상은 무의미해."

그는 껄껄 웃었다.

"나는 히틀러의 공적 No. 1 이었네."

나는 손뼉을 쳤다.

"훌륭합니다. 그렇다면 저는 필경 미니mini No. 1 이지요."

그는 크게 웃고 나서 말했다.

"율법은 특히, 민족들을 다룰 경우에는 통계 공식에 들어맞지 않아. 율법을 만든 신은 더더욱 그렇지."

"독일을 떠나기 전에 돌격대의 수사를 받았던 카푸트Caputh에 있는 선생님의 집 앞을 지났는데, 선생님의 이름은 입 밖에도 내지 못했어요. 나치 신문에는 선생님의 호반의 마을에서 멀리 떨어진 별장에서 '기관총,

폭탄 등 공산주의자가 지배하기 위해서 사용하는 병기들이 발견되었다.' 라고 적혀 있었어요."

아인슈타인은 웃었다.

"신문은 그 곳에 있었던 가장 무서운 무기, 즉  식빵을 쓰는 낡은 칼에 대한 것을 기술하는 것을 잊고 있구나. 밤도적 정도밖에 온 적이 없었던 나의 소박한 집이 게슈타포와 같은 훌륭한 차림을 한 신사들의 내방을 받는 영광을 누리리라고는 꿈에도 생각해 본 적이 없었어. 말할 것도 없이 은행구좌 차압이 구실이겠지만. 이렇게 미국에 있는 것을 기뻐하자고."

"그러나 독일을 떠나도 선생님의 목숨을 노리는 것은 계속되고 있어요."

나는 주의를 촉구하였다.

"내 목숨을 계속 노리고 있다고?"

그는 깜짝 놀랐다.

"전혀 그런 낌새는 없었는데."

"몇 번이나 있었는데요. 스코틀랜드 야드Scotland Yard[12] 요원들이 가시는 길을 빠짐없이 확인하지 않았으면 이렇게 무사하시지 않았을 거에요. 선생님이 그렇게 소중하게 여기는 바이올린을 안고 미국으로 떠나는 배에 올라탔을 때도 그들이 곁에서 호위하고 있었어요."

두 사람은 웃었다. 차를 마시러 초청된 날에 아파트에 나타났던 굶주린 것 같은 용모의 작가에 대해서 상기시켜 드리자, 그는 이렇게 말했다.

"자기 자신은 위험하다고 생각하지 않았지만 다른 사람들이 위험한 경우에 처한 것은 본의가 아니지. 특히 잔혹한 것은 싫어. '머리가 없는 무

---

12) 스코틀랜드 야드(Scotland Yard): 영국 런던 경시청의 별명.

자비한 기계'와 같은 국가, 그런 국가가 저지르는 경우는 더더욱 그렇지."

"그러나 선생님이 무서운 경험을 숨기지 않고 말해 주시지 않으시면 정의는 실현되지 않습니다."

그는 즐기면서 말했다.

"우편배달부에 이르기까지 공무원들이 모두 군복을 입고 있는 그런 나라에 정의 같은 것을 바랄 수 없지 않은가."

그는 중얼거렸다.

"나이를 먹을수록 가만히 내버려 두기를 바란다네."

나는 고개를 끄떡였다.

"1933년 섣달에 가까워질 무렵, 더 이상 독일에 있을 수 없다는 것이 확실하게 되었기 때문에 여권을 발급받으려고, 알고 지내던 아리아인 Aryan[13] 유력자들에게, 라테나우 협회의 회합 장소에서 제 어려움을 호소하기로 했어요. 라테나우 저택에서 제 모자와 외투를 받아 든 고참 집사의 옷이, 주인이 살았을 당시의 그대로였어요. 혹시, 그렇게 그가 말했던 것인지도 모르지요. 귀중한 그리스 조각상 앞을 지났을 때는, 이 조각상도 다른 재산들처럼 언젠가는 괴링[14]에게 몰수될 거라고 생각되었어요."

"살롱에 들어가니까 방안의 우아한 황금색과 녹색 장식들이, 이 엄숙

---

13) 아리아인(Aryan): 귀족, 기원전 20세기경, 중앙아시아에서 페르시아와 인도에 이주한 유목민. 현재의 이란인과 코카소이드 계통 인도 사람들의 조상. 훗날 인도 · 유럽계 인종이란 뜻으로 'Aryan 인종'이라 확대해서 쓰고 있다. 한편, 나치 독일 시대에 Aryan 인종의 순수혈통이 강조되면서 반유대 인종정책에 이용되었다.

14) 괴링(Hermann Wilhelm Göring): 1893~1946, 독일 군인 · 정치가. 히틀러 다음가는 나치지도자로서 군비확대와 경제의 자급자족을 꾀했다. 제2차 세계대전 후, 전범이 되어 처형 직전에 자살.

한 회합에 모인 남자들의 우중충한 옷들과는 좋은 대조를 이루고 있었어요. 그 누구나 할 것 없이 간담이 서늘하고 마음이 가라앉지 않아 시간이 빨리 지나가기를 기다리고 있었는데, 마침내 전원이 서재에 들어가서 아주 크고 기다란 둥근 테이블에 마주 앉았어요. 화두는 라테나우가 이전에 학생을 위해서 쓴 예언적 저서인 《와야만 될 시대》의 일이었으며, 그것은 부유한 산업자본가와 황제의 정치고문이 권력의 집중을 배제한 민주적인 사회제도 하에서 '생산자=소비자조합'을 발전시킨다고 하는 내용이었던 것입니다."

"그것 때문에 목숨을 끊게 되었던 거지."

아인슈타인은 말했다.

"양심적인 사람이었는데."

"그러자마자, 문이 열리며 죽음을 당한 라테나우의 단 하나의 누이이면서 상속인인 안드레아Andrea 부인이 나타났어요. 검은 옷을 걸치고 여윈 몸매로 의연한 풍모의 그녀는 한 통의 편지를 갖고 들어 왔어요. 그 편지는 프라이엔와일드Freienwalde 시장의 서명이 들어 있는 이런 내용이었던 것으로 여겨집니다."

라테나우가 출신의 안드레아 영부인 귀하

프라이엔와일드Freienwalde 시 라테나우 재단이사회는 만장일치로 귀하를 이사직에서 해임할 것을 결정하였습니다. 그래서 오는 토요일 밤, 캐슬 파크Castle Park에서 총통에 경의를 표하는 불꽃행렬을 거행합니다. 부군이신 안드레아께서 임석하시도록 안내를 드립니다.

"낡은 시계 바늘과 바깥 바람에 흔들리는 말라죽은 나뭇가지 외에는 아무도 꼼짝도 하지 않았습니다. 마침내 침묵을 깨트렸습니다. '이것으로 회의는 마칩니다.' 그리고 라테나우 협회도 안드레아 부인이 나가는 것을 보면서 이것은 최대의 모욕이라고 여겼습니다. 라테나우가의 문화재 관리자요, 다름아닌 재단창립자인 그녀가 이사직에서 해임당한 것은 유대인이 아닌 남편 쪽은, 몰수된 토지에서 개최되는 나치의 집회에 초청받기 때문에. 나는 서재에서 한참 동안 멈춰 서 있었어요.

헤어질 때 외투를 입혀 주던 늙은 집사는 눈물을 글썽이면서 '이것이 최후의 봉사가 되었습니다.' 라고 말했어요. 그 회관에서 얼마 멀지 않은 곳에서 1922년에 암살자가 라테나우의 차를 길가에 밀어붙여 수류탄과 총탄으로 날려 버린 장소를 보려고 머물러 섰습니다. 저는 못에 박힌 것처럼 그 자리에 머물러 서 있었어요. 그때 독일 국민을 위해서 피와 불명예가 준비되었구나라고 느꼈습니다. 히틀러가 민중을 악의 힘으로 장악한 것이지요."

아인슈타인은 고개를 끄덕였다.

"나치의 마음 속이 썩었다는 것을 보여 주는 실예이군. 악취가 풍기는 돈이라 하지만."

잠시 뒤에 그는 엄숙한 표정으로 말했다.

"라테나우가의 돈은 꺼림칙하지 않아. 그러나 프라이엔와일드 Freienwalde 시의 이사회는 썩은 냄새가 풍겨. 라테나우가가 재기 넘치는 마음으로 탁상에서 독일 사람을 지도하는 대신에 화살받이에 세워지기 쉬운 정치 지도자의 지위를 수락한 것은 참으로 유감스럽네. 그는 독일의 정치를 좌지우지하던 특권을 귀족계급으로부터 약탈한 것이지."

아인슈타인은 지금은 방관하고 있는 듯이 보였다.

"유대인들은 그의 이상주의 덕분에, 타인의 불 속에서 밤알을 줍는 호된 시련을 치르는 격이 되었던 역사에서 아무것도 배우지 않았어. 스페인과 독일, 그리고 러시아에서 유대인들은 몇 번이나 정의와 개혁을 부르짖었지. 이것이 너무 지나쳐서 교회를 다니는 '친구들'로부터 모욕을 당했지."

나는 말을 계속했다.

"내각참사관이면서 라테나우의 친구로부터 제노바에 있는 '국제노동기구ILO의 감시'라는 명목으로 여권과 독일에서 출국 비자를 손에 넣었습니다. 국제노동기구 직원 자격은 있었지만, 몇 개월 전에 히틀러가 국제연맹을 탈퇴했기 때문에 채용될 가망성은 없었어요. 그런데 국경인 킬Kiel 역에서 경비병에게 검문을 받아 화물차의 트렁크를 검사받게 되었어요.

아인슈타인 선생님과의 대담과 〈VERDUN〉에 대한 발언 금지 원고들이 거기에 들어 있었어요. 그때 어떤 부인의 찢어지는 것 같은 외마디 소리가 났습니다. 남편들이 어떤 혐의를 받고 열차에서 끌어 내려졌던 것이었지요. 그러니까 옆에 서 있던 경비병이 여인들을 차량으로 밀어 넣기 위해 뛰어 내렸어요. 거기에 때마침 기적 소리가 높이 울렸습니다. 라인강 철교의 중간 지점의 삼색 깃발을 지나서 높이 솟은 스트라스부르Strasbourg 대성당의 뾰족한 탑이 어슴푸레하게 보이기 시작했을 때는 안도한 나머지 그 자리에 지쳐서 주저앉아 버렸어요. 강제 수용소와 죽음으로부터 구원된 것입니다. 'Verdun'에서 빌었던 소원은 또 효험이 있었습니다."

"그렇군."

아인슈타인은 고개를 끄덕였다.

"자네는 참 운이 좋아. 독재자가 구세주로 되는 순간, 사람들은 얼마나 비열해져 버리는가!"

나의 파란만장한 여로의 이야기는 이어지는데, 우선 3천 마일이나 멀리 떨어져 버리면 박해를 받지 않고 살 수 있을 것으로 생각해서, 남아프리카 연방에 이주했던 것을 이야기했다.

"그러나 이것이 틀렸던 것입니다. 스머츠Smuts 장군[15]은 제게 아무쪼록 여기에 있어 주기 바란다고 하면서, 자기 눈에 흙이 들어가지 않은 한 독일 이민자에게 위험은 없을 것이라고 잘라 말했어요. 저는 그에게 말해 주었습니다. 당신은 지금부터 몇 년 더 살 것으로 보느냐고. 실제로 그는 그때 이미 70세였거든요. 그리고 보어Boer[16] 젊은이들이 갈고리 십자를 붙인 제복을 입고 행진과 군사교육을 받고 있는 사실을 알고 있는지."

"어째서 남아프리카를 떠났는지를 알았네."

아인슈타인이 말했다.

"히틀러는 처음 불과 몇 사람으로 당을 시작했었지."

그는 커다란 창문 너머로 나를 보면서 한참 동안 말없이 서 있다가 말했다.

"바이마르 공화국이 실패한 이유는 헌법 때문이 아니네. 귀족과 군인 이외의 인간들이 이끄는 정부를 민중이 신뢰를 하지 않았기 때문이네. 미국은 훌륭한 방법을 선택했어. 임기 중에는 강력한 권력을 갖지만, 항상 국민에 대해서 책임을 지는 대통령을 받드는 민주제도이지. 그런데 독일

---

15) 스머츠 장군(General Smuts): 1870~1950, 남아프리카의 군인이자 수상. 보어 전쟁에서 anti-영국 게릴라를 지휘하였다.
16) 보어(Boer): 농민, 남아프리카의 네덜란드 이민의 자손들. 특히 아프리카를 말하는 사람들을 지칭한다.

에서는 통치자는 국민에게 정치책임을 지지 않아. 독일 사람들은 양심보다도 국가에 따르도록 교육을 받았기 때문에, 노예 근성은 의문을 갖지 않지. 16세가 되어 스위스 학교에 다니게 되었는데, 나는 독일 여권을 버리고 스위스 시민이 되었네. 독일 사람들의 마음은 독일 역사의 산물이야. 과거는 아무도 바꿀 수 없었어. 그런 마음은 몇 세기에 걸쳐서 학교와 군대식으로 운영해 온 교장들의 손에 의해서 형성되었네. 행진하는 발걸음이 맞지 않는다고 해서 소년이었던 우리들을 교정에서 소리쳐 꾸중하던 교사들의 모습이 지금도 눈에 선하네. 이러한 군인 기질로 세뇌되면서 독일 사람들은 성장한 것이지.”

아인슈타인은 계속 말했다.

“독일 사람들에게 민주적으로 사물을 생각하라고 말하는 것은 무리한 이야기야. 가령 그렇게 했다고 하더라도 그것은 결코 몸에 밴 것이 못되지.”

그는 혼자서 싱글벙글하면서 팔걸이 의자를 뒤로 눕혔다.

“독일 사람들의 마음은 측량하기 어렵고 알 수 없지. 플랑크Planck와 하이데거[17] 그리고 융, 다른 독일 사색가들의 일들을 생각하면 정말 가슴이 아프네. ‘문화는 특히 민족생활의 모든 국면에서의 예술적 스타일의 총체이지. 그러나 많은 것을 배워서 아는 것은 문화의 수단도 그 앞 단계도 아니고, 필요하면 문화의 극점에 있는 야만성과도 완전히 양립한다.’라고 말한 니체[18]를 떠올리게 되네.”

“그럼 어째서, 또 독일 시민권을 받았습니까?”

---

17) 하이데거(Martin Heidegger): 1889~1976, 독일의 철학자. 철학의 근본은 존재의 참 모습을 밝히는 데 있다고 하고, 인간 존재에서 출발해서 ‘기초적 존재론’을 설하였다. 20세기 실존철학의 대표자로 손꼽힌다. 대표적인 저서로 《존재와 시간》이 있다.

"카이저 빌헬름Kaiser Wilhelm 연구소장이 되었기 때문이지. 여권을 두 개 갖고 있던 시기가 있었어. 인생이란 아무튼 불가사의하다네. 황제가 스스로 과학연구소장에 정식으로 임명했다고 하는데, 내가 황제의 마음에 들었다니 도대체 믿어지지 않았다네."

"잘 임명한 것이지요! 선생님은 1914년의 벨기에 침공에 항의하고 있었고, 궁중 신하들 사이에는 선생님을 '모럴moral 문둥이'라고 부른 이까지도 있었을 정도니까요."

아인슈타인은 말을 이어 나갔다.

"황제가 가장 신뢰하고 있던 라테나우와 볼인Ballin이란 두 사람의 고문顧問이 유대인이었다는 사실도 재미있지. 황제를 한번 배알한 적이 있는데, 검劍을 찰가닥 찰가닥 소리 내어 사람을 즐겁게 하는 좋은 사람이란 인상이었어."

"황후가 다음 모임에는 선생님을 모시고 오라고 하셨어요."

아인슈타인은 웃었다.

"나에게도 히틀러를 지지하라고 말하고 싶었을까?"

"그랬을 것으로 생각돼요. 과학과 예술의 위대한 후원자였던 프리드리히 대왕의 원탁회의 때의 일을 입에 담고 있었으니까요."

"그렇고말고, 대왕은 원탁회의에 유대인을 한 사람 더 보태고 있었지. 철학자였던 멘델스존의 할아버지였지."

"하버드 대학 교수들은 선생님이 왜 독일 사람들의 마음 연구에 전념

---

18) 니체(Friedrich Wilhelm Nietzsche): 1844~1900, 독일의 철학자. 기독교 도덕 퇴폐에 의한 '신의 죽음'을 선고하여 그 결과 생긴 니힐리즘을 '초인사상'으로 극복하고자 했다. 기성 가치를 부정함으로써 나치에 이용되어 파시즘의 영웅으로 숭앙되었지만 현재는 실존주의 철학의 선구자로 평가받고 있다. 대표적인 저서로는 《짜라투스트라는 말한다》, 《비극의 탄생》, 《이 사람을 보라》 등이 있다.

하시지 않는가 묻고 있었어요. 그러한 연구는 독일의 전후 처리에 도움이 될 거라는 것이죠."

아인슈타인은 두 손을 들어서 말했다.

"그것은 받아들이지 못한다네!"

한참 동안 침묵이 흐른 다음, 미국에 이주한 독일 사람들의 운명에 대해서 쓴 보고서를 읽었는지를 물었다.

"아무튼 일이 산적했네."

그는 손을 책상에서 1야드 정도 들어올렸다.

"새로 온 사람들이 쉽게 적응하지 못하고 있는 것을 알고 있어. 언어와 풍습에 적응하는데 애를 먹고 있다는 것도."

그는 미소지었다.

"그러나 동포들은 지나치게 과민한 것 같아. 이 나라는 너무 덥거나 너무 차가운데, 이에 견주면 독일의 기후는 마치 리비에라Riviera[19] 같다고 말들 하고 있지."

"아인슈타인 선생님, 그것은 제가 말하고 싶은 것이 아닙니다. 선생님의 사진을 찍고자 했던 이주자의 말이 떠오릅니다. 그 남자는 가정부에게 들켜 미리 약속이 되어 있지 않았다고 퇴짜를 맞았답니다. 그럼에도 그는 단념하지 않고 입씨름 끝에 선생님의 모습이 출입구에 보이자마자 미친 듯이 이렇게 부르짖었습니다. '선생! 당신도 우리와 똑같은 난민이다. 나에게는 생활이 걸려 있다. 난민이면 미국인이 할 수 없는 일을 해도 좋다고 들었다. 그러니까 당신의 사진을 찍는다.' 라고. 그리고 선생님은 그에게 사진을 찍게 했습니다. 이것이 말하고 싶은 것입니다. 이주자가 성공

---

19) 리비에라(Riviera): 프랑스 남부에서 이탈리아 북부에 걸친 지중해 연안 지방.

하려고 각오하면, 미국 사람 이상의 일을 하지 않으면 안 됩니다. 외국 사투리를 쓰거나, 겉모습이 좋지 않은 경우는 더욱 더 그렇습니다. 물론 천재는 별도이지만 저는 보통 사람에 지나지 않습니다."

그는 손을 흔들어서 이 화제話題를 끝맺었다.

"하버드 대학은 어떤가?"

"'의지하려면 큰 나무 그늘에'라고 생각해 버리는 잘못을 저도 범했습니다. 산더미처럼 많은 추천장을 갖고 있었는데, 사회학 부장인 소로킨 Sorokin 교수는 이렇게 말씀하셨어요. '채용한다면 망명자들 가운데서 이름이 통하는 인재를 선택하지.' 하버드 대학 주위에는, 배를 굶주리며 직장을 찾으려고 어슬렁거리고 있는 사람이 얼마든지 있다네."

"지금 그 곳에서 약간의 연구와 강의를 하고 있지만 급료는 형편없습니다."

처음 이야기로 돌리고 싶어서 이렇게 말을 덧붙였다.

"저는 이주자들의 대변자라고 생각하고 있습니다. 맨 처음 일한 곳은 맹인학교였는데 10달러의 월급에 숙식을 제공하는 조건이었어요."

"그래."

아인슈타인이 말을 가로막았다.

"자네는 이민자로서 어쨌든 일자리를 구했지만, 이곳 사람이라 할지라도 모두 일자리를 갖고 있지 못하네. 스위스에서 학교를 졸업했고, 시민권을 갖고 있으면서도 나는 교직에 일할 수 없었고, 가정교사 자리도 찾지 못했었지."

"그렇다고 하는 것은……."

"그렇고말고. 취리히[20]에서는 종종 배고품을 느꼈어. 일자리를 찾아서 얼마나 많은 문을 두드리고 돌아다녔는지 아무도 모를 거야."

"선생님의 빛에 대한 연구는 전문가들로부터 주목받고 있었다고만 생각했어요. 그렇지 않으면 시샘을 받았던 것입니까?"

그는 하늘을 쳐다보고 나서는 말할 가치조차 없다는 듯이 팔을 벌렸다.

"아아, 그 교수들! 졸업하면 조 교수로 채용하겠다고 약속해 두고서는 공수표였어."

"유대인이 싫었거나, 선생님께 추월당하기가 무서웠을 거예요."

"아마, 그들이야말로 황급히 할 수 없었을 거야."

아인슈타인은 입을 열었다.

"뮌헨의 학교에서 낙제해 취리히 공과대학 입학시험에 실패한 것을 전에 말했었지."

그는 옛일을 떠올려 미소를 지으면서 말을 덧붙였다.

"교수들은 언제나 똑같은 헌옷을 입고 있는 나를 보고, 이놈은 별로네, 라고 여겼겠지."

그는 어깨를 움츠렸다.

"일이라면 무엇이든지 잡역부라도 좋았어. 이미 생활비를 보낼 수 없게 된 부모에게 기대고 싶지 않았기 때문에 말이야. 친구인 마르셀 그로스먼Marcel Grossman에게는 엄청난 도움을 받았지. 그가 베를린에서 처음 일자리를 마련해 주었어. 나를 특허청 장관에게 소개해 주었고. 일은 가벼운 것이었어. 발명품의 심사를 하는 것이었지만 그렇게 시간이 걸리는 것이 아니라서 연구할 시간도 가질 수 있었어. 상사가 오면 들키기 전에 순식간에 계산용지를 서류다발 밑에 감추었지."

---

20) 취리히(Zürich) : 스위스 북동부의 취리히 호수 북안에 있는 스위스 최대의 도시. 경제 · 문화의 중심지. 교육자인 페스탈로치가 출생한 곳.

"하이네 시인이 숙부가 경영하는 은행에서 돈을 감정할 때 시를 쓰고 있었던 이야기를 방불케 하네요. 그는 들켜서 짤렸는데, 선생님은 용하게 도 잘 감추었네요. 양쪽 모두 세계에서 으뜸가는 것을 창작해 냈군요."

멀리를 내다보면서 아인슈타인은 말했다.

"적어도 하기 쉬운 일 덕분에, 몇 번이나 '광 빔'에 접할 기회를 얻었 지. 자그마한 작업장에 들어가기 위해서, 곰팡이 냄새가 코를 찌르는 돌 계단을 매일 올라가는 것이 얼마나 즐거웠는지 몰라. 먼지투성이 파일이 높다랗게 쌓인 낡은 책상을 대하면서, '우주가 잉태하고 있는 하모니를 믿지 않으면 과학적인 사고는 불가능하다.' 라고 나는 결론지었어. 그리고 그 원리에서 상대성이론이 생겨났지."

# 현실적인 평화주의로 전향

한참 동안 가만히 있다 보니, 이주자들의 운명에 대한 화제가 뒷전이 되어 버린 사실을 깨달았다. 나는 〈크리스천 사이언스 모니터*Christian Science Monitor*〉[21] 지에 실린 기사를 꺼내어 책상 위에 펼쳤다. 그리고 "선생님의 평화의 사자가 되고 싶습니다."라고 말했다.

"이 기사는 국제경찰 창설을 하기 위한 제안입니다. 하버드 대학에서는 큰 반향을 일으키고 있습니다."

내용을 보려고도 하지 않고 아인슈타인은 기사를 되돌렸다. 암울한, 거의 깔보는 것 같은 눈초리로 나를 쏘아 보고 있다.

"지금은 평화를 논할 때가 아니야. 전쟁, 독재를 타도해야 할 전쟁이야

---

21) 크리스천 사이언스 모니터(Christian Science Monitor): 미국의 유력한 신문 중의 하나. 보스턴에서 발행되는 전국 상대의 일간지. 평론과 해설에 정평이 나 있다.

기를 할 때지."

"선생님과 똑같이 독일에는 친척과 친구들이 지금도 살고 있습니다. 그들의 일이 걱정되어 밤에는 잠을 이루지 못하죠. 강제수용소의 두려운 소문을 듣고, 누이인 그레텔과 그의 어린 딸 우르슬라의 일을 생각하면 미칠 것만 같습니다. 나치에 반항하고 있던 많은 친구들과 동료들은 지금 어떻게 되었을까요."

잠시 틈을 두었다가 나는 말을 이었다.

"1940년 1월에 영국군이 둔케르크Dunkirk[22]에서 겨우 목숨만 살아 철수한 것을 듣고, 미국인들을 고립주의에서 깨어나게 하기 위해서 하나의 축가를 지었습니다. 읽어도 좋겠습니까?"

"좋고 말고."

아인슈타인은 의자의 등받침에 기대었다.

〈자유의 인민은 전진한다〉

자유의 인민이여 해안을 탈환하라
앞길을 가로막는 살아있는 벽이 되어
싸움의 불꽃에 대담하게 몸을 던져
악을 멸망의 깊은 늪에 쫓을 것이야

스스로 손을 하늘에 향해
맹세하리니 이 세상에 독재자를

---

22) 둔케르크(Dunkirk): 모래언덕 위의 교회. 북 프랑스의 벨기에 국경 가까이에 있는 도버 해협에 면한 항구. 제2차 대전 중 연합군이 철수작전을 벌인 지역으로 유명하다.

결코 허용하지 않으리라고
적들은 회초리와 포승줄로 지배하고
북이 울리는 소리가 어둠을 뚫는구나.
인질들은 죽는다. 희망을 남기고…….
그러나 보라, 자유의 인민은 오고 말 것이다!
파도와 바람이 일어 소란을 피우고
바다와 하늘은 미쳐 날뛴다
해안에서 거리에서 싸움은 계속되고
모든 악들이 망해서 물러날 때까지

굽이치는 설원에서 작열하는 사막에서 싸움을 하는
너희들의 혼은 죽음보다도 위대하다
묘석도 화환도 필요하지 않을 만큼

독재자들의 포승줄에 덧없이 사라지는 목숨이여
북의 울림 소리와 더불어 찾아드는 아침노을의 죽음이여
수난자는 죽을지라도 희망은 죽지 않고…….
그러나 보라, 자유의 인민은 오고 말 것이다!

　이 시를 낭독하고 있는 사이에, 그는 아침 해가 비치는 창밖을 내다보
고 있었다.
　"이 시에 곡도 붙였습니다. 하버드 대학 학생들 사이에서는 잘 불려지
고 있습니다. 악보도 갖고 왔는데 괜찮으시다면 봐 주세요."
　아인슈타인은 덧없는 듯, 의자에 앉아 나를 보았다.
　나는 다시 국제경찰 창설의 제안을 고려해 주도록 독촉을 했다. 그리

고 기사를 가리키며 이렇게 말했다.

"이 계획은 국제연맹 매사추세츠 지부에서 제가 조직한 원탁회의 자리에서 출석자에게 강한 감명을 주었습니다. 네덜란드 여왕이 오시지 못한 것이 아쉽기는 했지만요."

"왜 그 유명한 망명자를 부르려고 한 것인가?"

"선생님도요."

나는 말을 건넸다.

"원래 독일 수상이었던 브루어닝Bruening에게도 알렸어요. 그는 지금 하버드에서 교편을 잡고 계십니다."

"그렇다는 것은 대단한 얼굴들로 많은 참가자를 모으려 한 것이네."

"다른 방법이 없었어요. 저는 이름도 없었고요. 게다가 선생님은 약속을 했었지요."

호주머니에서 한 장의 편지를 꺼내어 그의 눈앞에서 흔들어 보였다.

"이것은 선생님께서 스스로 쓰신 증병제도 전폐를 지원하겠다는 약속입니다. '이런 과정이 발전되어 최종적으로 국제경찰이 되겠지요. 그래서 세계가 안전하게 됨에 따라서 그 필요성도 점차 줄어들겠지.' 라고 적혀 있는데요."

"맞네."

아인슈타인은 말했다.

"그렇게 말했지만 사정이 달라졌네. 오랫동안 나는 증병제도에 반대하도록 사람들을 교육하고, 정부가 이웃나라 방위에 눈을 돌리게 하려고 생각하고 있었어. 그렇게 하면 외인부대 같은 새로운 유형의 군대가 될 것이라 보았네."

그는 우울한 듯이 고개를 흔들었다.

"아아, 그것은 잘못이었어."

그리고 슬픈 어조로 말했다.

"하라는 대로 하는 대중에 편승해서 자라난 독재자가 다가왔네. 교육은 선전propaganda으로 바뀌어졌어. 인간성에 대한 이 새로운 위협 앞에서 무저항주의와 국제경찰 따위를 외치는 것은 자살행위겠지. 저 독재자에게는 그런 것은 듣기 좋은 음악 같은 것이지."

"그렇다면, 루덴도르프 장군이 말하던 '총력전'에 찬성입니까?"

"히틀러 제국의 포악행위를 본 사람이라면 무기를 잡는 이외에는 다른 길이 없어. 지금이라면, 만약 사랑하는 사람이 잡히든지 죽임을 당한다든지, 문명이 파괴되는 것을 본다면 나라도 무엇이 어떻게 되든지간에 무기를 잡겠지."

나는 아인슈타인과 마주보고 앉아 있었는데, 이번의 그는 전과는 달라져 있었다. 이 남자가 자신의 마음이 변한 것을 아주 솔직하게 숨김없이 고백하는 것을 보고 나는 공포심에 사로잡혔다.

"선생님의 마음이 변한 데 아주 놀랐습니다."

아인슈타인은 수수께끼를 푸는 것 같은 미소를 띠며 내 쪽을 향했다.

"그렇지, 나는 이미 원칙 없는 평화주의자가 아니야. 현실적인 평화주의자이지."

"지난 번에 만났을 때 '명령에 따라 사람을 쏠 정도라면, 이 몸을 갈가리 찢기는 것이 차라리…….'라고 말씀하셨지요. 그 말씀이 아직도 제 귀에 쟁쟁해요."

그는 깊은 한숨을 쉬었다.

"평화주의에 대한 생각을 바꿀 때마다 많은 적을 만드는 것을 충분히 알고 있네. 퀘이커Quaker[23] 교도가 그렇고 러셀Russell[24]이라든지, 간디[25]

의 신봉자가 그렇지. 그러나 원칙은 사람을 위해서 만들어져야 하는 것이지, 원칙을 위해서 사람이 있는 것은 아니지."

나는 좌절감을 맛보았다.

"아인슈타인 선생님, 저는 제 자신만을 위해서 선생님을 만나러 온 것이 아닙니다. 하버드 대학의 총장 커넌트Conant 씨와 철학자 랄프 바튼페리Ralph Barton Perry 씨, 또 역사학자 시드니 페이Sidney Fey 씨와 저항세력을 조직해 매사추세츠에서 히틀러의 프로파간다를 폭로하는 무수한 강연을 했습니다. 그러나 우리들은 전후 처리 문제에도 관심이 있어서, 국제경찰에 관심을 갖는 하버드 대학 학생위원회를 설립했습니다. 그들을 위해서라도 이 위원회에 참가해 주셨으면 합니다."

아인슈타인은 손을 들어 거부하는 몸짓을 했다. 나는 다시 입을 열어 설득하였다.

"미국의 젊은이들의 이상주의를 구축하기 위해서라도 부디 위원회에 가입해 주세요."

그리고 목소리를 낮추어 다시 말했다.

"지금까지 선생님께는 여러 곳에 많은 승낙 서명을 해 주셨는데, 제게

23) 퀘이커(Quaker): 벌벌 떠는 사람. 기독교인들의 일파. 정식 명칭은 Society of Friends. 17세기에 영국에서 생겼다. 형식적 의식을 배제하고 묵도에 의한 신과의 교감을 신앙의 중심에 둠. 또한 전쟁에 강하게 반대한다.

24) 러셀(Bertrand Arthur william Russell): 1872~1970, 영국의 철학자, 수학자. 제1차 세계대전에 전쟁 반대를 부르짖어 모교인 캠브리지 대학에서 쫓겨났고, 그 후도 정치·문화 측면에서 광범한 평론활동을 했다. 제2차 세계대전 후 평화운동을 추진, 또 수리철학자로서 활약. 저서로는 《수학의 원리》, 《철학의 문제》, 《서양 철학사》 등이 있다. 1950년 노벨문학상을 수상했다.

25) 간디(Mohandas Karamchand Gandhi): 1869~1948, 인도의 독립운동 지도자. 비폭력, 불복종을 모토로 한 정치 지도자.

는 왜 해 주지 않으십니까?"

"음, 엄청나게 많은 서명을 했지. 그러나 그 10배는 사절했어. 독일의 반유대주의에 반대한 프랑스의 성명에는 서명하지 않았네. 그 기고만장한 시도는 평가하지만, 나는 유대인인 동시에 독일 사람이기 때문에, 프랑스의 성명에는 서명할 이유가 없었지."

"그러나 아인슈타인 선생님, 우주적으로 사물을 생각해 하나의 세계를 위해 일하라고 하신 것은 선생님이 아니었습니까. 저는 선생님의 세계를 알리는 전도사이지요."

"그만두게나."

그는 킥킥 웃었다.

"그렇게 어마어마한 말을 써서는 안 되지."

나는 안 되겠다는 것을 깨닫고, 기사를 접어서 주머니에 집어넣어 버렸다. 아인슈타인은 움찔하는 듯 보였다.

"광고탑처럼 내 이름이 쓰이는 것에는 정말로 진절머리가 난다네."

"그렇지만 선생님은 반전운동의 초석으로 추앙하는 젊은이들의 희망을 꺾어 버리는 것이 되지 않을까요?"

"지금은 이 전쟁에 이기는 데만 전념해야 될 때인데, 현 시점에서 국제경찰 운운하는 이야기를 하는 것은 불타오르는 전의戰意에 물을 끼얹는 것과 같은 것이지. 민주주의 국가들이 연합군을 조직한 것을 기뻐해야지. 나치라는 거대한 악마집단을, 군대라는 그보다도 작은 필요악으로 멸망시키는 쪽이, 알맞은 군사력을 갖지 않아서 히틀러에게 승리를 허락하는 것보다는 훨씬 더 나은 일이지."

"러시아와 동맹을 하는 한편, 그들이 이웃 여러 나라들을 점령한 사실에 대해서는 맺힌 원한은 없으십니까?"

"있지, 그러나 그들의 정복욕은 공산주의라고 하기보다 러시아의 세계관에 관계되어 있네. 부동항을 갖는 발트해Baltic Sea 여러 나라들은 유럽으로 드나드는 창구이지. 표트르Pyotr 대제[26]도, 예카테리나Ekaterina[27]도 공산주의자는 아니었고, 그 군대도 서양문명에 대한 위협이 되는 점에서는 지금의 공산군과 다를 바 없어. 식민지주의, 제국주의, 자본주의, 공산주의로 이름은 변할지라도 러시아의 '국가 이데올로기' 는 조금도 변하지 않았지. 그러기에 지금은 우리들 편에 붙어서 히틀러와 싸워 주고 있는데 대해서 감사하고 싶네."

"그렇지만 정말로 그 이데올로기 때문에, 이 전쟁의 다음은 러시아와의 싸움을 피할 수 없을 것입니다."

아인슈타인은 머리를 흔들었지만, 나는 이렇게 물었다.

"그러면 러시아의 국수주의, 혹은 '범 슬라브주의' 라 말해도 좋을 것 같습니다만, 그러한 것과 어떻게 해서 싸울 수 있을까요?"

"국수주의로는 어차피 안 되지."

그는 간결하게 잘라 말했다.

"러시아보다 나은 이데올로기를 찾는 일이지."

"'오른쪽 뺨을 때리거든 왼쪽 뺨을 내밀라' 는 기독교의 이데올로기 말입니까?"

"모르겠네."

---

26) 표트르 대제(Alekseevich Pyotr): 1672~1725, 러시아의 로마노프 왕조의 황제. 재위 기간은 1682~1725. 유럽 각국을 두루 다녀 보고 선진 여러 나라로부터 문명의 수입과 보급에 힘쓰고 군대의 근대화, 행정·종교·경제·교육체제의 개혁을 추진. 발트해 연안과 카스피해 연안에 영토를 확장하는 등 러시아 제국의 세력 강화에 공헌했다.
27) 예카테리나(Ekaterina): 재위 기간 1762~1796, 독일 귀족의 딸. 표트르 2세와 결혼 후, 궁중혁명으로 제위에 올랐다. 안으로는 전제, 밖으로는 영토 확대. 예카테리나 황제로 불렸다.

아인슈타인은 화가 난 듯이 말했다.

"그럼, 레닌[28]의 '국가 이익에 부합되는 한, 진실이다. 그러나 그렇지 않으면 거짓이 된다.' 라는 격언에 대항할 수 있는 것이 또 있을까요?"

한참 동안 침묵이 계속되었다. 그 사이에 아인슈타인은 책상 위를 내려다보았다. 그 다음 이렇게 말했다.

"히틀러가 수상이 되기 전에 바르뷔스Barbusse[29]가 평화주의 선언에 서명하도록 요구해 온 적이 있었는데, 나는 응하지 않았어. 소비에트 러시아를 찬미하는 내용이었기 때문이지. 권력자는 이기적인 목적을 달성하기 위해서 비열한 수단을 쓰는 권력망자權力亡者끼리의 투쟁에 골몰하고 있지만, 러시아는 지금도 개인으로서의 가치와 언론의 자유를 인정하지 않는다는 결론에 도달했기 때문이었네."

"바르뷔스는 프랑스 혁명에서 배워야만 했었어요."

"시민들이 귀족을 단두대에 올려 걸었을 때 '내가 앉을 테니까 그 자리를 비켜라' 라고 할 것 외에 아무것도 염두에 없었지요. 그래서 성을 빼앗아 차지하자마자 귀족들의 흉내를 냈습니다. 러시아에서도 똑같은 일이 일어나지 않았겠습니까? 사회학자인 저는 '집단의 구성원들이 합의하고 있는 것은 최소한의 것, 왜냐하면 집단에는 목적만이 있을 뿐 양심이 없기 때문이다.' 라는 것을 발견한 것입니다. 그러기에 집단이 그 적을 분쇄

---

28) 레닌(Vladimir Ilich Lenin): 1870~1924, 러시아 혁명가 · 정치가 · 공산당 창립자. 1917년 러시아 혁명에 성공하여 소비에트연방의 기초를 마련. 저서로는 《유물론과 경험비판론》, 《제국주의론》, 《국가와 혁명》 등이 있다.

29) 앙리 바르뷔스(Henri Barbusse): 1873~1935, 프랑스의 작가. 처음에 시인으로 출발, 〈애원하는 사람들〉, 이후 작가로 활동. 〈지옥〉으로 유명해졌으며, 제1차 세계대전에 종군해서 쓴 〈포화〉는 전쟁 반대, 사회주의 계열의 작품으로 주목받았다. 잡지 《광명(Clarte)》을 발간해서 평화와 인간 해방을 위한 실천 활동을 했다. 프롤레타리아 운동에 영향을 미쳤다.

하여 특권을 빼앗기만 하면, 양심의 속박을 받지 않는 인간성은 같은 권세욕 이야깃거리를 반복하는 것입니다."

아인슈타인은 머리를 끄덕거렸다. 그는 듣기를 잘하였다. 잠시 시간이 지난 다음, 그는 이렇게 말했다.

"우주적인 인간이 다시 살아날 필요가 있어. 마치 전능함을 갖춘 상상想像 속의 완전한 인간 말이야. 자네 같으면 신이라 부를지도 모르지. 이 인간은 당파적 교조敎條들에는 얽매이지 않고 자기의 마음으로 생각하지. 언젠가 설명한 것처럼 이 세상에는 어떤 질서, 즉 '우주적인 질서'라는 것이 있는데 인간은 그 법칙을 이해할 능력을 갖고 있지."

아인슈타인은 의자의 등에 기대었다. 나도 편지지를 무릎 위에 올려서, 똑같이 의자 등에 기대었다. 그는 이렇게 말을 덧붙였다.

"이 전쟁은 연합국 측의 승리라네."

나는 빙긋 웃으며 말했다.

"또 예언을 해 주시는 것입니까."

그는 머리를 긁적거렸다.

"예언이 될지, 어떨지. 하여간 머리로 생각하기보다는, 직관적으로 느낀 그대로를 입으로 내 뱉는 일이 훨씬 많으니까."

그는 계속 말했다.

"국군만으로는 안전을 얻을 수 없다는 것을 여러 국민에게 알려 주기 바라네. 이 전쟁이 끝나면 모든 국가가 자기 나라의 군에 의한 국방을 폐지해서, 국가 간의 신뢰를 이루어 낼 필요가 있어. 안전하지 않으면 군축이 되지 않고, 그래서 안전하기 위해서는 자네가 말하는 국제재판소와 같은 법과 질서를 지키게 할 국제적인 군사력이 필요하지. 그러나 그것은 지금이 아니고 어디까지나 전쟁이 끝나고 난 후의 이야기지!"

그는 천장을 쳐다보고 그 목소리는 점차로 작아져 갔다.

"선생님이 제 입장이라면 하버드 대학 학생위원회에 뭐라고 말씀하시겠습니까?"

"'나쁜 짓은 삼가하라.'라고 말하겠네. 먼저 가정과 이웃부터 시작할 것. 일요일뿐만 아니라 매일 실천하라고 말이야. 젊을 때는 어쨌든 자기 위주여서 생명에 대한 외경畏敬 같은 건 요만큼도 없거든. 부처[30] 예수[31] 그리고 간디와 같은 위인들의 논리적 가르침은 나의 가르침보다 훨씬 더 훌륭하다네."

"그러나 그들도 세계를 전쟁에서 구하지 못했습니다."

"알고 있네."

아인슈타인은 고개를 끄떡였다.

"세계가 호락호락 그들의 가르침에 따르지 않을 것이네."

"그 밖에 학생들에게 하시고 싶은 말씀은요?"

"있고말고."

그는 사려 깊게 천천히 머리를 흔들면서 말했다.

"나는 과학성과科學成果의 자유로운 교류를 믿고 있네. 과학과 예술만이 유효한 평화의 사자使者야. 과학과 예술에는 국경이 없고, 조약 같은 것보다는 월등하게 확실한 국제적 약속이기도 하지. 예술계나 과학계의 학생들은 세계 시민의 길을 자각하지 않으면 안 된다네."

---

30) 부처(Buddha): 깨달은 사람. 불타(佛陀), 불(佛), 석가모니(釋迦牟尼)의 존칭.
31) 예수: 기독교의 교조(教祖) 세례 요한의 세례를 받고, 유대 사람들에게 하늘나라가 가까워졌음을 전했다. 사제 계급들과 대립하다 소송을 당해 골고다 언덕에서 십자가에 못박혀 처형당했다.

# 물질은 실재實在할까

겨우 쓸만한 말을 얻었기에, 나는 한숨 돌렸다. 아인슈타인은 눈을 감고 의자에 깊숙하게 앉아 잠을 자는 것처럼 보였다. 그러나 나로서는 듣고 싶은 것이 산더미처럼 있었다. 염치불구하고 최후의 화제로 들어가기로 마음먹었다.

"아인슈타인 선생님, '물질은 에너지'라고 말씀하셨지요. 그렇다면 에너지를 분해해서 말입니다."

그의 잠 오는 듯 보이던 얼굴이 갑자기 미소를 띠었다.

"물질로 다시 되돌릴 수 없을까, 그 말인가? '분해'라고 하는 용어는 알맞지 않지."

그의 답변을 들었지만, 그래도 나는 물질은 실재하지 않는다고 확신하고 있었고, 이번에는 예습을 태만히 하지 않았었다. 나는 나의 공책에서 버클리Berkeley라든지 라이프니츠Leibniz[32]와 같은 이를 인용해서, 그가 지쳐서 졸음에 시달리는 것을 방해해도 좋을까 망설였다.

눈을 감은 채 아인슈타인은 이렇게 나에게 질문을 던졌다.

"빛에 대해 전보다 좀더 알고 왔겠지. 그렇지 않으면 무조건 빛은 전혀 존재하지 않는다고 아직도 생각하고 있나?"

그 목소리는 아주 부드러웠지만 사람의 마음을 찌르는 차가움이 있었다. 나는 우물거리면서 말했다.

"아직도 기억하고 계시네요!"

아인슈타인은 주먹을 굳게 쥐고 다시 일어서서 테이블 위에 무릎을 올렸다.

"교양인으로서 빛이 전해지는 것을 모르는 사람을 좀처럼 잊기 어렵지. 나의 이론은 어떤가. 알고 왔겠지?"

"아닙니다. 아직 멀었습니다."

나는 말했다.

"그렇지만 그 주변의 이야기는 즐기거든요. 어떤 물리학자가 선생님의 고명하신 친구인 아서 에딩턴Arthur Eddington 경에게 '선생님은 상대성이론을 아는 세 사람 가운데 한 사람이지요.'라고 말했더니, 그의 얼굴이 빨갛게 되었다고 해요. 그래서 '선생님, 그렇게 수줍어 할 것 없습니다.'라고 말했더니 그는 이렇게 대답한 것으로 압니다. '그렇지 않네. 글쎄 두 사람이 누구를 지칭하는 것인지를 생각하고 있지.'"

"자네가 아닌 것은 확실한데."

---

32) 라이프니츠(Gottfried Wilhelm Leibniz): 1646~1716, 독일의 철학자·수학자. 우주를 영적인 모나드(monade, 單子)의 집합체로 보고, 우주 활동의 중심에 모나드를 두고 그 질서와 신의 예정조화에 의한 것이라 주장했다. 또 수학분야에서는 미적분법의 기초 원리를 확립. 저서로는 《형이상학 서설》, 《인간 오성신론》, 《단자론》, 《병신론》 등이 있다.

아인슈타인은 말했다.

"그러나 낙담해서는 안 되지. 상대성이론을 잘 이해하는 학생들이 해마다 점점 늘어나고 있다네. 상대성이론이 기초과목의 일부분이 되는 것도 그리 멀지는 않을 거야. 철학은 이미 물리학의 합리적인 개념에 속해 있으니까."

"그렇지만 그것을 이해할 수 있는 사람은 도대체 몇 사람이나 있을까요?"

아인슈타인은 거리낌 없이 미소지었다.

"어떠한 철학체계를 이해하는가는 중요하지 않아. 인간은 생명의 신비를 풀어 밝힐 힘을 지닌, 마음이 있다는 것을 이해해야만 되네. 이러한 지식이 있으면 모두가 사색하는 사람이 될 수 있기 마련이지. 인간이 우주적 존재로서 스스로의 존엄함을 육체적 자아 이상으로 자각하면 이 세계는 평화롭게 되겠지."

나는 놀라 허둥대면서, 기록할 용지를 꺼내며 말했다.

"그 때문에 여기에 왔습니다. 육체도 포함해서 물질이란 오감이 만들어낸 것에 지나지 않는다는 것을 증명하기 위해서요. 버클리는 이렇게 말하고 있습니다. '천상의 성가대聖歌隊 자리도 지상의 가구도 어떤 의미에서 이 세상을 이루는 사물 모든 것들은 마음이 없으면 실재實在하지 않는 것이다.' 라고요. 그리고 라이프니츠의 말입니다. '나는 빛과 색 및 열뿐만이 아니고, 움직임과 모양 그리고 넓음 같은 것까지도 지각知覺할 수 있다. 그러나 이 모든 것들은 마음이 구성한 것에 지나지 않는다' 라고요. 아인슈타인 선생님."

그는 잠깐 사색하는 것 같았다. 그리고 나서 가볍게 기침을 했다. 나는 다그치는 듯이 말했다.

"이들 사상가는 똑같은 것을, 즉 물질이 실재實在하지 않는 사실을 증명하고 있는 것은 아니지요?"

"틀렸네!"

아인슈타인은 반박했다.

"그것은 자네가 자네 마음대로 해석한 것이지."

그는 의심스러운 듯한 눈빛을 보였다.

"가령, 그들이 그렇게 말했다고 하더라도 나까지 그렇게 말하지 않으면 안 될 이유가 없지."

"그렇게 말씀하시지 않았습니까. 예를 들면 선생님은 전기電氣와 자기磁氣도 실재가 아닐지도 모른다고 말씀했습니다."

"마음에서 여기고 있는 전자기電磁氣의 개념이 진실과 다를지도 모른다는 의미로 말했었던 것이 아니었던가. 지식이 발전함에 따라서 그러한 개념은 변하기 때문에 말이야."

그는 몇 번이나 깊은 숨을 내쉬고, 잠시 동안 곤혹스럽게 보였다. 그리고 나서 창밖을 내다보면서 말했다.

"진실과 실재의 차이를 아는 것은 중요하지. 전기와 자기는 틀림없이 실재하고 있어. 실재는 이론에 의한 것이 아니고 경험하고 닿아 봄으로써 확인되지. 그렇다고 해서 중력의 법칙이 실재하는지 확인하기 위해서 엠파이어 스테이트빌딩에서 뛰어 내린다든지, 전기의 실재를 확인하기 위해서 벗겨진 전선을 건드려 보지 않으면 안 된다는 뜻이 아니지만."

나는 철학적 정열을 억누를 수 없게 되었다. 노트를 접고서 양 손으로 탁자 끝을 잡고서 아인슈타인 쪽으로 몸을 돌렸다.

"모든 것은 이 탁자처럼 단단하거나 산 능금처럼 쓰디쓰거나, 창밖의 태양처럼 뜨겁거나 얼음처럼 차갑기도 하지만, 그것들은 마음 가운데에만 존재하고 있는 것입니다. 그러기에 에너지라든지 별이라든지 원자라고 부르고 있는 것들은 실재가 아니고, 의식적인 마음의 해석에 지나지 않으며, 인간의 지각이 만들어낸 전통적 표상이라는 것을 인정해야만 됩니다."

아인슈타인이 의자를 뒤로 끌어당기기에 나는 놀라서 바로 앉았다. 그는 빙긋 웃었다.

"자네는 태양을 뜨겁다고 말했지. 그리고 이 탁자는 단단하다고?"

그는 정중하게 탁자를 몇 번 두드렸다.

"그래, 나는 늙었고 자네는 젊은가? 물론 우리들만이 그렇게 말하는 것이 아니지. 이성을 갖고 건전한 오감을 갖춘 사람이라면 모두 같은 말을 할 거네. 이와 똑같이, 장미는 붉고 향기로우며 벨벳과 같은 촉감을 가졌다고 누구든지 말하지. 바꾸어 말하면, 감각에 의해서 이해되는 객관적 실재라고 하는 것이 있다는 거지. 그리고 그 배후에는 과학자가 발견의 영예를 얻게 되는 자연의 법칙이 있어. 자연은 변덕쟁이가 아니고, 수학적 법칙에 따라서 운행하고 있어. 신은 세계를 상대로 주사위 놀이 같은 장난은 하지 않아."

매우 좋은 기분으로 나의 눈을 보면서 아인슈타인은 말을 계속했다.

"두꺼운 옷들이 가득 든 무거운 상자를 운반할 때, 누군가가 이 무거운 것을 옮겨 주지 않을까 하고 생각하겠지. 그렇지?"

"물론이지요!"

아인슈타인은 크게 웃었다.

"당연하지! 자네도 나도, 그 물체가 실재한다는 사실은 알고 있어. 그러나 자네가 옷이 든 상자를 다른 이에게 가져다 달라고 여기는데 반해서, 나는 내 자신이 옮기려고 하는 것이 다르지."

"선생님은 성서를 이미 무용지물이라고 생각하십니까?"

"기적에 대해서 말인가?"

그는 되물었다.

나는 고개를 끄덕이고, 아인슈타인은 비웃는 듯한 웃음을 띠며 말했다.

"자네는 믿고 있는 듯한데."

"물론입니다."

나는 이 도전을 받고 대답했다.

"저는 물질 법칙의 정지를 기적적이라기보다 신성적神性的이라 부르고 싶습니다."

"신은 자기 자신이 창조한 것을 부정하는데 초자연적인 힘을 쓰는 그런 짓은 하지 않는다네."

아인슈타인은 되받아쳤다.

"자연의 힘에 대해서 운운할 수 있는 것은, 물질세계를 받아들인 경우에만 한합니다."

"정신세계만이 존재하고 있다네."

아인슈타인이 재미있어 하는 모습이라서 넘겨짚어 보기로 했다.

"만약 신이 이 물질세계를 만들었다면, 인류의 모든 재앙과 비애에 대해서 책임을 져야 하지 않겠습니까?"

"그렇고말고."

아인슈타인은 진지하게 대답했다.

"인간이 자유의지를 받지 않았다고 하면 말이지. 인간 행동의 모든 것은, 자신이나 누군가의 의지의 작용이지. 만약 많은 사람들이 나치의 의지에 따르지 않으면, 강제수용소 같은 것들이 없었을 텐데. 자네나 나도 나라를 떠나는 결심을 하고 여기에 왔지. 그것은 히틀러의 실재를 느꼈기 때문이야.”

그는 흰 머리칼을 귀 위에서 꼬아 붙인 뒤 웃고서는 놀랍게도 탁자 너머로 올라오자마자 나의 뺨을 때렸다.

“느꼈는가? 이래도 물질이 실재하지 않는다고 할 것인가?”

“감각적으로는 물질은 실재합니다.”

나는 뺨을 만지면서 말했다.

“그렇지만 그것은 방법이 되지 않습니다. 만약 갈릴레이나 코페르니쿠스가 본 그대로의 사실을 받아들였다고 한다면 지구라든지 혹성의 운동에 관한 발견은 없었겠지요.”

아인슈타인은 내가 물고 늘어지니까 나를 보고 마주앉았다. 나는 본능적으로 쩔쩔맸다.

“그러나 그들의 마음은 오감을 떠난 적이 없었어.”

그리고 아인슈타인은 손가락을 세웠다.

“자, 되었나. 과학적 사실로서 받아들여지고 있는 것은, 우리들이 지각하고 사고하는 것의 아주 일부에 지나지 않아. 우리들이 하는 작업의 꽤 많은 부분들은 쓸모없게 되지만, 그렇다고 해서 우리들의 감각이 신용할 수 없는 것이라는 의미는 아니지. 감각은 아마도 퇴화하고 있을 것이고, 개발할 여지도 있을 거야. 그러나 감각은 우리들이 듣거나 느끼거나 하는 것에 대응한 현실적인 것으로서 현실세계에 속하고 있지.”

“그러나 선생님은 물질이 전자기장電磁氣場에 녹아 들어갈 수 있다고 말씀하셨는데, 원자의 존재에 의문을 갖고 계시는 것은 아닙니까?”

아인슈타인은 동요하기 시작했다.

“물질의 존재를 부정한 적은 한번도 없지! 무거운 옷가방을 들어 올리면 자네라도 무거울 거야."

"그러나 선생님은 세계를 정신 현상에 돌려버리시지 않았습니까."

"전자기장은 마음의 산물인 것이 아니지."

그는 침착함을 잃어버렸다.

"창조의 시작은 정신적인 것이지만, 그것은 피조물 모두가 정신적이라고 하는 뜻은 아니야. 자네에게는 어떻게 설명하면 좋을까?"

그는 머리칼을 잡아 당겼다. 좋은 말이 생각나지 않아서였을까. 나를 설득할 수 없어서 안절부절못했던 것일까.

"세계가 불가사의한 것을 인정하면 어떨까. 자연은 완전히 물질적이지도 완전히 정신적이지도 않아. 인간도 피와 살만의 존재가 아니야. 그렇지 않으면 종교들이 있을 수가 없지 않은가. 원인의 배후에는 또 다른 원인이 있지. 모든 원인의 시작도 끝도 아직 발견되지 않았어. 그러나 이것만은 기억해 두지 않으면 안 된다네. 그것은 '원인 없는 결과 없고, 법칙 없는 창조는 없다.'는 사실이지."

# 자연법칙과 신

"법칙에 대해서는 어떻게 생각하십니까?"

"법칙이란 동일한 상황 하에서는 동일한 작용만을 하는 변치 않는 것이지."

"그러나 선생님은 모든 것은 상대적이라고 가르쳤습니다. 그것은 절대적인 법칙은 없다고 하는 뜻입니까?"

"바로 그렇다네. 절대적인 것은 없지. 법칙과 상황은 상대적인 관계에 있고, 그러한 지식이 없을지라도 변화하는 것이지."

"그렇다면, 신도 변화하는 것이라는 말씀이십니까?"

"자네가 말하는 '신神'이란 어떤 의미이지?"

재빠르게 아인슈타인은 되돌려 물었다.

"자연법칙의 창조자라고 생각해도 좋다고 생각하는데요."

"그렇게 생각하는 것은 관계없지만, 미리 양해를 구해 두는데, 나의 신은 인격적인 신이 아니야."

나는 자세를 바로해서 말했다.

"선생님은 언젠가 사람은 각각의 이미지에 맞춰 자기의 신을 만들어 내고 있다고 말씀하셨습니다. 그렇다면 선생님은 어떤 신을 만들어 내고 계십니까?"

"내게……."

아인슈타인이 말했다.

"신은 미스테리야. 그러나 풀 수 없는 미스테리는 아니지. 자연법칙을 관찰하면 그저 외경의 마음이 솟아날 따름이지. 법칙에는 그 제정한 자가 있기 마련이지만 어떤 모습을 하고 있을까? 인간을 크게 한 것이 아닌 것만은 확실해."

아인슈타인은 슬픈 듯한 미소를 지으면서 고개를 끄덕였다.

"옛날 같았으면 나는 아마도 화형이나 교수형에 처해졌을 거야. 그래도 친구들은 많았을 거지만. 어떤 시대라도 조르다노 브루노Giordano Bruno[33]와 같은 이단자들 가운데는 대체로 깊은 종교적인 감각을 지닌 사람이 있었기 때문이지."

나는 말을 보태었다.

"'화형을 선고하는 너희들은, 화형을 당하는 나보다도 훨씬 더 무서울 것이다.' 라고 말한 사람이 조르다노 브루노이지요."

아인슈타인은 말했다.

"브루노는 인간의 이 세계에 대한 인식이, 시공時空의 어느 위치에 있는가에 따라서 좌우된다는 사실을 발견했지. 교의敎義도 과학 이론처럼

---

33) 브루노(Giordano Bruno): 1548~1600, 이탈리아 철학자. 지동설의 영향을 받아, 신은 내재한다고 했다.

영고성쇠榮枯盛衰가 있는 것이네."

침묵이 흘렀다. 아인슈타인은 자기의 냉철한 이론에 도전하는 나의 종교 논쟁을 즐기고 있는 것처럼 보였다. 그리고 나의 머리 너머에서 우주를 보고 있었다. 그러고 나서 나는 파리에 망명해 있었을 때, 자살을 생각할 정도로 얼마나 압박을 받았는가, 그리고 크리스천 사이언스 파였던 어떤 친구가 영적 존재로서 나는 "죽지 않는다."라고 열심히 설득해 준 덕택으로 겨우 구원을 받았던 것을 이야기했다. 아인슈타인은 한참 동안 말하지 않았다.

"슈테판 츠바이크Stefan Zweig[34]가 심령치료에 대해서 쓴 것을 떠올렸지."

나는 곧 바로 물었다.

"영적 방법으로 치료를 받고 있었다고 말한 것은 믿고 있습니까?"

"그것은 증명할 수 없지."

그는 힘을 내어 말했다.

"틀렸다는 것이 확실해진 것뿐이지. 물론 생각이 몸에 영향을 미치는 것은 부정하지 않지만."

그렇게 된 거구나. 아직 희망은 있을 것 같다고 생각되었다.

"아인슈타인 선생님. 만약 여명이 얼마 남지 않았다고 진단을 받은 환자가, 정신력으로 눈부시게 회복되는 것을 눈으로 보신다면 '마음에 회복력이 있다면 마음이 물질을 지배한다.' 라고 할 수 있지 않을까요?"

"마음이 힘을 이끌어 내는 것을 부정한 일은 없네."

---

34) 슈테판 츠바이크(Stefan Zweig): 1881~1942. 오스트리아의 유대계 작가. 영국의 L. 스트레이치, 프랑스의 A.모루아와 함께 20세기 3대 전기작가로 일컬어진다. 주요 저서로는《로맹 롤랑》,《마리 앙투아네트》등이 있다.

그는 말했다.

"어떤 방법에 의해서라도 믿으면 그만한 결과가 생겨나지. 자기 자신의 능력을 믿지 않는다면 인간은 무력하지."

"신념은 산도 움직이는 것입니다."

아인슈타인은 말이 없었다.

"성서의 시편 23장 1절을 같은 시각에 읽어주도록 해 줌으로써 암 환자인 부인을 치료한 적이 있어요. 파리에서는 러시아의 유명한 오페라 가수인 샬리아핀Chaliapin의 복통을 '보리스 고두노프Boris Gudonov' 오페라를 시작하기 전에 치료했습니다. 그러나 제가 치료했다는 말씀을 드리지 않겠습니다. 영적으로 치유가 된 것이죠. 물론 상대의 믿음과 제 기도가 좋은 결과를 가져온 것입니다."

아인슈타인은 천장을 쳐다보면서 말했다.

"내가 아팠을 때, 어머니가 기도해 주셨었지. 하지만 대자연의 기적에는 흥미가 있지만, 인간의 기적에는 흥미가 없네."

그리고 한참 있다가 그는 말했다.

"만약 창조의 하모니를 무조건적으로 믿지 않았다면 그것을 30년이나 걸려서 수학공식으로 나타내려고 하지는 않았을 거야. 인간을 만물의 영장에 자리매김해 두고, 자아라든지 세계와 자신과의 관계를 인식할 수 있는 것은 자신의 행위를 의식하고 있는 것에 지나지 않아."

"선생님, 명상에 대해서는 어떻게 생각하십니까?"

그는 잠시 곤혹스런 것 같았다.

"요가 말입니다."

"인도에 갔을 적에, 몇 사람의 행자들을 보았는데, 그 평안하고 고요함과 무아無我의 경지에 엄청나게 감동했었네."

그는 빙긋 웃었다.

"그 때문에 인력거에 타지 못했던 일이 생각나네. 자기의 몸을 다른 이에게 옮기도록 하는 것이란, 인간에게 상하 관계를 만드는 것 같은 기분이 들었지. 말이나 당나귀들이라면 모르지만. 하여튼 인간이 끄는 수레에는 탈 수 없었네."

나는 기록할 용지를 꺼내었다.

"명상 수행을 쌓은 사람들과 영국에서 식사를 함께 했을 적에, 그 중의 한 사람인 스츠키 교수[35]로부터 부디 선생님께 물어 봐 달라는 부탁을 받았습니다. 정신적 파동과 전기는 동일한 기원起源인지, 또는 힘force에서 나오는 것인지에 대해서요."

"창조의 근원적인 힘은 에너지라고 확신하네. 그것을 친구인 베르그송은 엘랑 바이탈elan vital 즉 생명의 비약이라고 하고, 힌두교도는 프라나prana라고 부르고 있지."

나와 스츠키 교수가 그 자리에 안 계시는 선생님을 위해서 특별한 요리를 준비했었다고 하자, 그는 큰 소리를 내어 웃으며 말을 가로막았다.

"가령, '혼'이란 모양일지라도 그 자리에 있었다는 기억은 없는데도. 스츠키 교수의 일은 대단히 존경하고 있고, 교육자의 최고의 목표는 제자들에게 마음을 여는 일이라고 보네. 우리들은 너무나도 작고, 우주는 너무나도 넓지. 제자들에게 사람은 마음이 지닌 잠재능력의 겨우 10% 정도만을 사용하고 있다는 사실, 그리고 이 무한한 공간의 일부라는 사실과, 더 바란다면 그것을 이해할 수 있도록, 눈뜨게 하는 일이야말로 유능한 교사의 책무이지."

---

35) 스츠키(Suzuki): 1870~1966, 그 당시 스츠키 교수는 옥스퍼드 대학과 캠브리지 대학에서
《선(禪)과 일본문화》를 강의하고 있었다.

# 기독교Christianity의 공과 죄

이야기를 본론으로 돌리려고, 나는 말했다.

"예수는 그의 가르침 가운데서 확실히 인간의 지력知力을 강조하고 있습니다. '두드리라, 그러면 열리리라.' 라고요. 그는 기적적인 치료를 행했던 것이지요."

"때때로 예수가 없었더라면 좋았을 텐데라고 생각할 때가 있지. 그 영향력 때문에 그토록 악용된 이름은 없었을 거야!"

나도 동감이었다.

"그렇지만 예수는 가장 위대한 유대인이었어요. 모든 유대인들은 그를 형兄으로서 자랑스럽게 여겨야만 됩니다."

그리고 나서 약간 주저하면서 말을 덧붙였다.

"좀 말이 지나쳤습니다. 예수는 인간이라기보다 신이라고 하는 것이 좋기 때문이지요."

그는 내 쪽을 향했다.

"신약성서에는 그렇게 적혀 있지. 그렇지만."

그는 여기서 끄떡하지 않았다.

"그 가운데서 가장 오래된 문서는 사도 바울[36]이 데살로니가 사람들에게 보낸 편지인데, 그것이 처음 기록된 것은 예수가 죽은 후 20년이 지나서였고, 세기가 바뀐 뒤에 적은 책도 있어. 그 시대의 철학적 조류와 정치적 조류에 더해서 시대의 흐름 그 자체가 역사를 분식粉飾해 버리기 십상이지. 실제로 2세기에 이르러, 특히 그리스 신들의 개념과 신의 말씀을 구현한 것들이 그대로 분식되어 버리고 말았지. 나는 예수가 스스로 자신을 신이라 불렀었는지 참으로 의심스럽네. 그렇게 생각하는 것은 그는 유대인이었고, '이스라엘아 들으라, 우리 하나님 여호와는 오직 하나인 여호와시니'[37] 즉, 신은 여럿이 있을 수 없다고 하는 대계율大戒律을 범할 수 없었기 때문이지."

나는 말을 덧붙였다.

"예수는 모세[38]라든지 예언자들이 말한 이상의 것은 무엇 하나 말하지 않으셨습니다."

아인슈타인은 듣고 있지 않았던 것같이 불쑥 말했다.

"인류가 예수의 이름으로 스스로에 대해서 행해온 것을 보게나. 기독

---

36) 사도 바울(Paul's): 기독교의 사도 중의 한 사람. 로마 제국에 기독교를 보급한 최대의 공로자. 유대교도였는데 예수의 음성을 듣고 마음을 돌려서 열성적인 교도가 되어 세 번에 걸친 전도여행으로 기독교를 보급시켰다.

37) 이스라엘아 들으라, 우리 하나님 여호와는 오직 하나인 여호와시니: 구약성서 「신명기」 6장 4절.

38) 모세(Moses): 기원전 1350~1250년경, 고대 이스라엘의 예언자, 율법자. 유대인의 종교적 지도자. 유대인들이 이집트에서 박해를 받고 있던 시기에 태어나 후에 유대인을 이끌고 이집트를 탈출한 지도자.

교인이 유대인들에게 2천 년 가까이나 해 온 것들을. 그리고 현재도 계속하고 있는 일들을 보게나."

아인슈타인은 한쪽 손으로 액자를 가리켰다.

"독일에 있는 유대인들에게 내가 무서워하고 있는 것을 전하려면 예언자의 입을 빌릴 것까지 없어. 마음을 국가적 목표에만 돌린 그대로 진군하면, 그것은 타락하여 목표를 정당화하기 위해서, 인간성에 대한 가장 야만적인 행위까지도 서슴없이 해치워 버리는 것을 나는 경험으로 알고 있네."

잠깐 뜸을 들여서 아인슈타인은 말을 계속했다.

"역사상 나치 독일 만큼 폭력이 만연했던 시대는 없었을 거야. 그 강제 수용소에 견준다면, 칭기즈칸[39]이 했던 일은 아이들의 소꿉놀이에 지나지 않아. 그러나 무엇보다 소름끼치는 것은 교회가 입을 다물고 있는 일이야. 가톨릭 교회가, 장래에 이 침묵의 대가를 치르게 될 것은 불을 보는 듯 뻔하네. 헤르만 박사, 머지않아 이 우주에는 도덕률道德律이라는 것이 있다는 것을 알게 될 거네."

나는 말했다.

"그 말씀을 들으니까, 몇 해 전에 선생님이 베를린에서 나치와 가톨릭의 협력관계에 대해서 예언하신 말씀이 떠오릅니다. 어떤 폴란드 신부가 나치의 폴란드 침공과 노약자와 남녀를 불문하고, 용서 없이 유대 사람들을 처형하는 것에 충격을 받아 사교司教의 허가를 얻어 로마 법왕 피우스 Pius 12세에 호소를 했지요. 이 신부는 로마에 부임해서 폴란드의 유대인들이 자신의 손으로 판 묘혈墓穴에, 한 번에 50명씩 나체가 되어 들어가

---

39) 칭기즈칸(成吉思汗): 1167~1227, 몽골 제국의 시조. 정복한 땅을 네 명의 아들에게 나누어
   주어 유라시아에 걸친 대제국을 세웠다.

엎드리면, 구덩이의 양쪽에 진을 치고 있던 나치의 병사들이 그들에게 총탄을 퍼붓는 상황을 설명한 것입니다. 그러니까 바티칸은, 그 신부에게 '공산주의의 단속을 약속한' 히틀러와의 사이에 정교조약政教條約[40]이 체결되어 있기 때문에, 교회는 신중을 기하지 않으면 안되므로 입을 다물고 있으라고 했던 것입니다."

"헤르만 박사, 우주법칙이라는 것이 있어서, 그 법칙들은 기도나 향 같은 것으로 속일 수 있는 것이 아니네. 창조원리에 대한 뭐라고 꼬집어 말할 수 없는 모독일 거야. 그렇지만 신의 입장에서는 천 년도 한 찰나에 지나지 않네. 교회의 억지주장 작전과 세속세력과의 몇 세기에 걸친 결탁, 교회는 언젠가 속죄를 하지 않으면 안될 거야. 우리들은 '과학의 시대'와 동시에 '마음의 시대'에 살고 있네. 자네는 사회학자이지?"

나는 고개를 끄떡였다.

"그렇다면 군중이 조직되어 지도자를 만났을 때, 특히 그것이 교회의 대변자인 경우와 같을 때, 할 법한 일을 알겠지. 2천 년에 걸쳐 말로 다 못할 교회의 범죄들이 항상 바티칸을 번영케해 왔다고들 말하고 있지 않은가. 그러나 교회는, 신자들에게 유대인들이 자기들의 참된 신을 참혹하게 처형했다고 하는 생각을 깊이 배어들게 해 왔지 교회는 사랑 대신에 미움을 깊이 심어 놓았어. 십계명에 '살인하지 말라.'라고 하고 있는데도."

아인슈타인은 창 너머로 바깥을 내다보며 나보다도 나무들을 향해서 중얼거리는 것 같았다.

---

40) 정교조약(Concordat): 종교협약. 교황과 국가와의 사이에 체결되는 종교상의 협약. 특히 1801년에 나폴레옹과 피우스 7세가 체결한 것이 유명하다. 나폴레옹은 승려의 임명권을 획득, 농민과 교회의 지지를 얻어 제위에 오르는 발판을 만들었다.

"나는 우주적인 종교 감각이 있는 것으로 보네. 유한한 것에 빌어봐도 이러한 기분은 절대로 채워지지 않는다네. 바깥에 있는 나무들은 생명을 갖고 있지만 우상은 죽어 있어. 자연의 총체는 생명이야. 그래서 생명은 내가 관찰한 바로는, 인간처럼 더러운 신을 거절하지. 우주를 하나의 조화된 전체로서 체험하고 싶은 것이네. 모든 세포들은 목숨을 갖고 있기 때문에."

그는 내 쪽으로 다시 돌아앉아서 미소지었다.

"물질도 생명을 갖고 있어. 그것은 에너지가 응축된 것이지. 우리들의 몸은 형무소 같은 것인데, 그곳에서 해방되고 싶어 하지만 그렇게 되었을 때 어떻게 되는지에 대해서까지는 모르지. 나는 현재 살아있고 나의 책무도 이 세상에 있는 것이야. 진군해서 죽이고, 그리고도 죄를 용서 받을 수 있을 것이라고 사람들은 알고 있지만, 그렇지는 않아! 신은 법칙에 근거해서 작용하고 있어. 사랑이 치유할 힘을 갖지 않는다고 말하는 것이 아니네. 그렇지 않고 내가 자연법칙을 상대로 하고 있다는 것이지. 이것이 내가 이 세상에서 할 일이라네."

오랜 침묵이 깃들었다. 아인슈타인의 말을 빠트리지 않고 기록해 남기려고 나의 펜은 떨리고 있었으나, 그는 내 사정을 배려해서 아무것도 말하지 않았다. 그의 말은 나의 가슴을 치고 이렇게 말하게 하였다.

"저는 모든 종교에 믿음을 갖고, 그들을 하나의 사랑의 종교로 통일하려고 하는 엄청난 소망을 갖고 있었어요. 그러나 1933년 7월 20일, 히틀러와 로마 가톨릭교회 사이에 정교조약이 체결된 것을 알았을 때 충격이었습니다. 그 자리에서 로마 법왕 피우스 11세는 '제국帝國에 신의 축복이 있을지어다.' 라고 기도하고, 히틀러는 '오늘 나는 전능하신 조물주의 높은 뜻에 따라 행동하고 있는 것으로 믿습니다. 유대 사람들과의 싸움은 신을 위한 싸움입니다.'라고 성명서를 발표하고, 유대인들의 상점을 보이 콧하도록 결정했어요."

아인슈타인은 말을 덧붙였다.

"히틀러는 이렇게도 말했지. '양심은 유대 사람의 발명이다.'라고."

"최근 하버드 대학에 있는 브루어닝 전 수상을 방문했어요. 그는 선생님과 닮은 운명이었지요. 1933년 11월부터 게슈타포에 쫓겨 몇 주 간이나 다른 집에서 밤을 지냈던 것 같습니다. 그래서 심장이 꽤 나쁜데도, 1934년 5월에 네덜란드로 망명했어요. 그는 정교조약 조인은 한탄스런 일로 사교司敎들도 국가사회당 정권에 대해서 다음과 같은 말로써 충성을 맹세하도록 명을 받았다고 말했어요. '성무聖務의 이행과 독일의 번영을 기도함에 있어 국가에 위기를 초래할지도 모를 모든 유해한 행위를 배제할 것에 유의하겠습니다.'라고."

아인슈타인은 고개를 끄덕였다.

"나는 공산주의자는 아니지만, 그들이 러시아에서 교회를 파괴한 이유를 잘 안다네. 이른바 자업자득인 것이지. 교회는 히틀러와 그리고 독일과 거래한 속죄를 받는 처지에 놓이게 될 거야."

그는 다시 침묵한 다음, 입을 열었다.

"우리 유대인들은 거의 2천 년간 쓰디쓴 고통을 맛보아 왔네. 그러나 어떤 일을 당해도 유대인들의 신에 대한 개념은 흔들리지 않았었지. 중세에는 성체를 모독하기 위해서 훔쳤다는 의혹으로 얼마나 많은 사람들이 박해를 당했나. 그리고 영국에서는 지금도 아직 순교자로 우러러 받들고 있는 링컨의 휴Hugh의 기적이란 것 때문에, 얼마나 많은 유대인들이 죽었는지. 샘물에 독약을 집어넣는다든지, 역병疫病이라든지, 그밖에 생각나는 모든 재앙들이 유대인들 때문인 것으로 돌려졌지. 모든 유대인들이 삼위일체의 제2인자로서 예수를 인정하지 않았기 때문이야. 우리들은 일신교의 창시자이니까. 유대인들은 칼리굴라Caligula에게 자신을 숭배케 하기 위한 조각상을 세우게끔 할 정도라면, 예루살렘[41] 신전까지도 희생할 각오를 하고 있었다네."

그의 말은 과거를 말할 때는 통한과 자부심의 양쪽 양상을 띠었다. 그리고 현재로 돌아오면 이렇게 말했다.

"극소수의 사례를 제외하고, 로마 가톨릭교회는 교의敎義와 의식儀式이 천국에 이르는 유일한 길이라는 생각을 들여와서, 그것을 강조해 왔어. 자신의 잘잘못을 따져 묻기 위해서 교회에 갈 필요는 없네. 스스로의 마음에 물으면 알 것이기 때문에. 모든 존재는 창조원리에 의존하고 있고, 그리고 인간의 창조원리란 자신의 양심이지."

"저도 그렇게 생각해요."

"만약 사람들이 양심을 자신의 교회로 삼는다면, 스스로를 위해서나 또, 세계를 위해서도 좋은 일이겠지."

아인슈타인은 계속 말했다.

"자네는 신비주의자로서 인격적인 신을 믿고 있었던 것으로 기억하고 있는데, 내 쪽은 창조원리와 우주법칙에 근거한 질서 있는 조화를 믿고 있지. 젊은이들에게 교회의 인격신교의人格神敎義를 옮겨 심는 것은 반대하네. 교회는 과거 2천 년에 걸쳐서, 너무나도 비인간적으로 행동해 왔기 때문이지. 천벌의 공포를 이용해서, 사람들을 전쟁으로 내몰아 왔었지. 교회가 유대 사람들과 회교도들에게 드러낸 적의敵意를, 십자군의 악행을, 종교재판의 화형火刑을, 그리고 유대인들과 폴란드 사람들이 스스로

41) 예루살렘(Jerusalem): 이스라엘의 수도. 기원전 10세기경에 다윗이 이집트 총독의 성을 점령한 이래 유다 사람들의 종교적 중심지. 기독교와 이슬람교의 성지이다.

묘혈墓穴을 파게 해서 학살虐殺되었다고 하는데도, 히틀러가 하는 짓을 보고도 못 본 척한 것을 생각해 보게나. 게다가, 히틀러는 교회의 시자侍者로 근무한 적이 있다고 하지 않는가! 참 종교인은 삶도 죽음도 겁내지 않지. 아마도 맹목적인 신앙도 갖지 않을 거야. 믿는 것은 자신의 양심이지. 그렇게 하면 주위에서 일어나는 사건들을 관찰해 판단하기 위한 직관直觀이 몸에 배게 될 거야. 그래서 때로는 놀랄 정도로 빠른 속도로 모두가 엄밀한 자연법칙대로라는 것을 깨닫는다네. 그러기에 나는 모든 조직된 종교를 반대하네."

그는 말을 이었다.

"역사에서 사람은, 진실의 부르짖음보다도 싸움의 부르짖음에 추종한 사실들이 너무나도 많았어."

"가장 쉬운 길을 선택하는 것은 아주 인간적인 일이겠지요?"

나는 물었다.

"그렇다네."

아인슈타인은 힘차게 대답했다.

"파첼리Pacelli 추기경이 명백히 밝힌 것처럼, 히틀러와의 정교조약 뒤에 숨겨진 것은 바로 인간적인 동기야. 언제부터인지 사람들은 그리스도와 사탄[42]과 동시에 계약할 수 있게 되어 버리고 말았네. 그렇지? 저 사나이, 로마 법왕도 똑같다네!"

---

42) 사탄(Satan): 유대교와 기독교에서 말하는 악마, 마왕. 타락한 천사의 수령으로서 인간에게 죄를 범하게 하는 유혹자를 뜻한다.

# 우주적 종교의 의의

탁자 위에 몸을 올려, 그는 비통한 목소리로 말을 계속하였다.

" '종교'라는 말을 듣는 순간 몸이 떨리네. 교회는 언제나 권력자에게 스스로를 팔아넘겨서 의무의 면제와 대가로 어떤 결정에도 응해왔었지. 종교적 정신이 교회를 인도했으면 좋았을 텐데, 실제는 그 반대였어. 성직자들은 어느 세상에서도 자기들의 지위와 교회의 재산이 보호되기만 하면 정치와 제도의 부패에 대항하려는 일은 거의 하지 않았어."

아인슈타인은 흡사 펴 놓은 책이라도 들고 있는 듯이 손바닥을 위로 해서 내 쪽에 손을 내밀었다.

"아아, 헤르만 박사, 세계가 찾고 있는 새로운 도덕과 윤리에 의한 자극은, 몇 세기에 걸쳐서 타협을 거듭해온 교회에서는 도저히 생겨나지 않는다네. 갈릴레이와 케플러Kepler[43] 그리고 뉴턴에 이르는 과학자의 계보에서만 비로소 생겨나올 수밖에 없지. 그들은 실패와 박해에도 아랑곳하지 않고, 우주가 통일적 존재인 사실을 증명하기 위해서 생애를 바쳤어. 거기에는 의인화된 신은 존재할 여지가 없다고 보네. 참다운 과학자는 칭찬이나 비방에 동요하지 않고, 다른 사람에게 설교하는 일도 하지 않네. 그는 우주의 신비한 장막을 걷어 치움으로써 사람들은 스스로 그곳에 계시啓示, 즉 질서와 조화 그리고 창조의 장대壯大함을 보려고 오게 되는 것이지! 그래서 우주를 완전한 조화調和로 유지하는 훌륭한 법칙을 알게 됨에 따라서 자기 자신이 얼마나 작은 존재인가를 깨닫기 시작한다네. 인간의 야망과 음모, 그리고 이기주의와 함께 그 존재의 작음을 알게 되지. 이것이 우주적 종교Cosmic Religion의 싹틈이지. 동포의식과 인류에 대한 봉사가 그 도덕규범이 되는데 만약 그러한 도덕적 기반이 없다고 하면."

여기서 그는 걱정스러운 듯이 말을 이었다.

"우리들은 바랄 것이 없을 정도의 비참한 운명이 되겠지."

"아아, 그렇군요. 아인슈타인 선생님."

나는 호주머니에서 한 장의 사진을 꺼내었다.

"헤르미나 황후께서 선생님께 드리는 선물입니다."

사진을 보고서 아인슈타인은 말했다.

"황후와 황제이군. 훈장 투성인데, 하지만 제1차 대전에서 패배했지."

그는 사진을 돌려주면서 말했다.

"나는 매수되고 싶은 마음이 없어."

나는 말했다.

"예수가 지금 살아있다면 뭐라고 말하겠습니까? 할데인Haldane 경처

---

43) 요하네스 케플러(Johannes Kepler): 1571~1630, 독일의 천문학자. 브래(Brae)의 조수를 하다가 스승이 죽은 후 남은 관측 자료에서 '케플러의 법칙'을 발견해 지동설을 증명하고, 만유인력 발견의 실마리를 마련하였다.

럼 '아인슈타인은 예수 이래 가장 위대한 유대인이다.' 라고 말하겠지요."

"부탁이니까 그렇게 말하는 것은 그만두게나."

아인슈타인은 중얼거렸다.

"세상에서 신비적인 존재만큼 바람직한 것은 없다고 말씀하시지 않았습니까? 예수는 유대인이고 우리들도 유대인입니다. 일곱 살에 어머니가 돌아가셨고, 전형적인 유대 여성인 '베로니카' 라고 하는 숙모가 저를 키워주셨어요. 숙모는 제게 이렇게 가르쳤어요. '오른손이 무엇을 갖고 있는가를 왼손에 알려서는 안 된다. 빌린 돈은 해가 지기 전에 돌려 주라. 빌린 사람이 어린이에게 충분히 먹일 만큼의 빵을 갖고 있는지 않은지를 모르기 때문에. 신으로부터 받고자 하는 사람보다도 신에게 기도하는 사람이 성공한단다.' 그리고 이렇게도 가르침을 받았습니다. '양심보다 더 좋은 보물은 없다.' 라고요."

아인슈타인은 고개를 끄덕였다.

"그렇고말고. 박애博愛와 이웃 사랑보다 더 좋은 것은 없지."

"아인슈타인 선생님, 신비주의에 대해서 말하게 해 주세요. 숙모님이 나치가 미움의 폭풍을 불어 일으키기 직전인 1929년에 세상을 떠나신 이후, 저는 문이 열린 교회가 보이기만 하면 안에 들어가서, 또 다른 한 사람의 유대 여인, 즉 성모 앞에서 묵상을 했습니다. 제게는 신비주의란 창조와 같을 정도로 소중한 것입니다."

아인슈타인은 미소지었다.

"정말 자네는 시인이군!"

"그러나 저의 사랑은 선생님이 말씀하신 도덕규범의 일부입니다. 이 도덕규범은 모든 종교에 갖추어져 있는 것일까요?"

"그렇지. 그러나 어느 쪽인가 하면 공포에 근거한 부분이 있네. 신이 인간의 모습을 하고 있기 때문이지. 즉 종교의 발전에는 3단계가 있네. 첫째, 별이라든지 불·지진·질병 등의 자연현상의 위협을 보고 있던 원시인 단계에서는, 이러한 해결할 수 없는 힘을 잠재울 능력을 가진 신과의 중개자가 필요했어. 그러기에 몇 세대에나 걸쳐서 성직자 계급이 통치자, 치료자, 정치가들로 발전해 왔지. 그러나 이러한 원시적 부족사회에서까지도 자연의 인과율因果律을 설명하고자 하는 과학적 정신이 때때로 나타난다네. 이렇게 해서 걸핏하면 화를 내는 변덕스러운 신의 개념은 서서히 무너져 갔지."

내가 아인슈타인의 말을 모두 기록하려고 하는 것을 눈치채고, 웃으면서 물었다.

"이제 슬슬 손이 피로해지지 않았나?"

그러고는 그는 말을 이었다.

"다시 말하면, 창조에 있어서의 인과관계因果關係를 이해하기 위해서 심판하는 신神이란 개념이 발달했지. 신은 의인화擬人化되어 알기 쉬운 대상으로 변했어. 권면과 위로를 기대할 수 있게 된 것이지. 그러나 사람들은 또, 종교상의 중개자를 필요로 했지. 바로 성직자였어. 그리고 오늘날과 같은 고도의 윤리와 문명을 가진 단계에 이르러서도 원시종교의 흔적들은 없어지지 않았어. 종교 지도자들은 신앙과 정치를 혼동하여 다른 종교와 다른 민족의 말살을 요구하고 있지. 그러한 신념 때문에 박해를 받는 거지. 엄청나게 많은 수의 과학자와 철학자들의 역사를 보게나."

"그렇지요. 수세기 전이라면 선생님은 틀림없이 화형火刑에 처해졌을 테니까요."

그의 눈이 번쩍 빛났다.

"마녀魔女나 이단자異端者와 한통속이 되는 것은 영광이지."

그의 목소리는 진지한 말투로 변했다.

"지금이야말로 인류는 종교의 제3단계에 접어들고 있어. 그것은 우주적 종교야. 우주와 지구보다도 훨씬 더 커서 빛이 도달하기까지 몇백 년이나 걸리는 무수한 별들의 광대무변廣大無邊함에 대한 이해가 깊어지면, 사람은 자신의 행위가 상賞받고 벌罰받는 데 얽매어 있다는 것을 모욕으로 여기게 될 것임에 틀림없어. 그것은 또 모든 경이驚異를 창조한 신神을 인간 수준으로 끌어내리는 모욕이 되기도 하지. 참으로 종교적인 천재는 항상 이러한 우주적 종교 감각을 갖고, 교의敎義도 성직자도 인격화한 신도 필요하지 않았기 때문에 이단자로 낙인찍혀 왔지. 성시聖詩와 불교의 문헌 가운데는 이 우주적 종교를 암시하고 있는 것이 있어. 이교도異敎徒인 데모크리토스Democritos[44]와 가톨릭의 아시시Assisi[45] 유대 교도인 스피노자 등도 그랬었지. 알아들었지. 민족과 종교의 울타리를 벗겨버리게 하는 일은, 지금까지 일을 잘못 그르쳐 실패를 거듭해 온 종교 지도자들이 아니야. 현대의 과학자라면 할 수 있을지도 모르지."

그는 손으로 머리칼을 쓰다듬었다.

나는 말했다.

"영국의 과학자가 선생님의 중력이론을 증명한 것이 그 실례이군요. 영국 사람이 자기 나라 국왕에 대해서도 하지 않는 일을 독일 사람인 선생님을 위해서 한 것은 전대미문前代未聞의 일이었죠. 하물며 전쟁터에서

---

44) 데모크리토스(Democritos): 기원전 460~370년경, 그리스의 철학자. 만물의 기본은 영구적이고 지극히 작고 신축성도 없는 충실한 원자로 이루어졌다고 한 원자론을 제창. 소크라테스와 동시대의 사람.

45) 아시시(Francesco, d' Assisi): 1182~1226, 기독교의 성인. 이탈리아의 아시시에 프란체스코 수도회를 창립한 수도승. 청빈한 생활을 해서 유명하고, '꽃과 작은 새의 성자' 라 불리었다.

독일 사람에게 죽임을 당한 병사들의 피도 아직 마르지 않았던 시기에 말입니다."

아인슈타인은 고개를 끄덕이면서 만족스러워 보였다.

"독일에 대한 미움이, 천문학회의 두 번에 걸친 개기일식 관측대의 파견을 방해하지 않았던 것도 확실한 사실이야."

그는 먼 곳을 응시하며 이렇게 말을 덧붙였다.

"편견의 울타리를 걷어치울 새로운 전도사는, 이제는 십자가를 걸치지는 않을 거네. 그들이란 우주와 같은 정도로 심원深遠한 생각을 지닌 현대의 학생들이고, 미래의 과학자들이지. 그들은 창조에 대해서 이젠 아이들에게나 들려 줄 옛날이야기를 읽을 일도 없고, 창조 그 자체에 의해서 기록된 제대로 된 책을 읽게 될 거야. 그들은 수학적 계산에 의해서 우주를 지배하고 있는 법칙을 발견하게 될 거네."

"선생님이 말씀하신 그대로 말하면, 신은 수학의 대가임에 틀림없네요."

나는 약간 비아냥거리면서 말했다.

아인슈타인은 의자 등에 기대었다.

"감히 신의 이름을 문헌에 기록하지 않았고, 거의 입에 올리지도 않았던 고대의 유대인들에게 찬성해. 창조원리가 수학에 포함되어 있다는 것만으로도 내게는 충분해. 순수하게 사고思考하기만 해도 실재實在의 의미를 알 수 있지."

아인슈타인이 일어섰기 때문에 나도 그에 따랐다. 그러나 그는 계속해서 말했다.

"성서는 일찍이 기록된 가장 위대한 책이라는 사실에는 두 손을 들어 올려 찬성해. 처음부터 끝까지 성서는 양심을 의식하게 하지. 그러나 민중은 양심을 바라지 않으며 그들이 사랑하는 것은 빵과 오락이야. 그리고 민중의 지배자는 권력의 자리에 머물러 있고 싶어 하지. 그러기에 히틀러는 민중에게 오락을 제공하기 위해서 책들을 불태웠던 거야."

"성서까지도요."

나는 말을 거들었다.

아인슈타인은 말을 계속했다.

"국회와 유대 교회당도 불태웠고, 지금은 사람까지도 화형을 시키고 있다는 소문이네."

침묵이 찾아왔다. 나는 소곤거렸다.

"불쌍한 것은 폴란드 사람들과 러시아 사람들입니다."

아인슈타인이 말을 덧붙였다.

"유대인들도."

그는 앉고 나도 따라 앉았다. 그는 말을 계속했다.

"그러나 그러한 현실도 이 세상에 있어서의 책무責務, 즉 내가 우주를 지배하는 법칙을 발견하고자 하는 것을 단념하게 할 수는 없네."

그는 말을 끊어 너그러운 웃음을 띠면서 내 얼굴을 찬찬히 보았다.

"아무래도 기대에 미치지 못한 것 같구먼."

"그렇지 않습니다."

그의 배려에 나의 독기가 빠져 버려 나는 입을 다물었다. 나는 기록한 것을 간추리기 시작했으나, 그는 별로 초조해하지 않았으며 의자에 앉아 냉정하게 말했다.

"자네를 보낸 사람들에게 이렇게 전하게나. 에너지 보존의 법칙이, 물질이 정신으로 분해한다고는 말해 주지 않았다고. 가령 질량이 원자나 전자나 혹은, 운동으로 전화轉化하더라도 그것은 의연依然한 실재로서 영원한 에너지, 즉 불멸하는 에너지의 한 모습에 불과하다네. 그리고 이 '창조의 통일성' 이야말로 내가 말하는 신神이지."

"예."

나는 말했다.

"그리고 예수가 어머니로부터 배웠던 몇천 년이나 되는 옛날부터 내려오는 유대 사람들의 기도 '들으라, 오오 이스라엘이여. 우리들의 신神, 주主는 한 사람뿐이니라.' 가 있습니다."

그는 의자에서 일어났으나, 나는 그의 말을 기록하기 위해서 앉은 그대로 있었다.

"이 신의 개념이 러시아를 포함해서 모든 나라들을 통합하게 될 것이네. 모든 사람들이 우주적 종교에 귀의했을 때, 그래서 젊은이들이 과학정신을 지닌 신도가 되었을 때, 평화의 새로운 시대의 막이 열리게 되지. 그래서 성직자 계급도 일찍이 그들이 마침내 갈릴레이와 케플러의 군벌들에 항복한 것처럼 이에 따르게 될 것이네."

아인슈타인은 이 인간주의 정신이 군대화한 학교를 변화시킬 것이라고 전망했다.

"자유사회의 교육 목적은, 공동체에 대한 봉사를 최고의 덕목으로 보고는 있지만, 각자의 생각을 지닌 개인을 훈련시키는 데 있네. 사람은 사회악을 극복할 만한 총명함을 아직 잃지는 않았어."

그는 단언했다.

"그러나 인류에 봉사하는 욕심을 갖지 않고 책임 있는 헌신을 하고자 하는 것이 정말로 부족하네. 종교는 이런 무욕의 봉사를 말하지만, 그 정교조약 골자에는 '내가 하는 대로가 아니고, 내가 말하는 대로 하라.' 라는 것이 확실히 나타나 있네."

나는 잠시 침묵했다. 아인슈타인이 미소를 짓는 것을 보고, 그의 마음을 돌려보려고도 해 보고, 끈질기게 반론했음에도 마음이 상하지 않았음을 알았다.

"상대성이론은 신학神學과는 관계가 없네. 그것이 신앙과 밀접한 관계를 갖는 일은 전혀 없었네. 스피노자의 철학이 그의 렌즈 연마작업에 영향을 받았다고는 생각하지 않겠지? 사람은 무엇을 생각하느냐가 중요하지, 그의 직업이 무엇인가가 중요하지 않아. 참 사고思考의 기본은 직관直觀에 있네. 그러기에 지금의 학교 시스템이 싫단 말이지. 진리는 경험 전체에서만이 얻을 수 있는 것인데, 학교에서는 과학을 많은 분야로 세분화해 버리고 있어. 전문화하는 것이 좋다고는 한번도 여겨본 적이 없지. 항상 자연을, 그리고 창조 그 자체를 깊이 연구하기를 바라고 있지. 생명의 신비가 나를 분발시킨다네. 나의 종교는 알 수 없는 것(不可知)으로 보이는 것을 알기 위해서 될 수 있는 한, 자기 자신의 사고력을 쓰는 일이야. 책을 읽거나 사실을 모으는 것들이, 절대로 과학적 발견으로 이어지지 않는다는 것을 생각해 본 적이 있나? 직관이야말로 성공의 근본적인 요인이지."

내 쪽으로 몸을 내밀며 그는 목소리를 낮춰 말을 계속했다.

"상대성이론의 개념은 자기 자신의 지성知性보다도 감정과 관련되어 있네. 나는 우주가 절대로 정지해 있지 않고, 그리스 사람들처럼 '모든 것은 흐르고 돈다.'라는 사실을 감득感得했다네. 나는 직관으로 생각하지."

"아인슈타인 선생님, 직관에 대해서 좀더 말씀 드리고 싶습니다. 그것은 1930년 베를린에서 경찰서에 가던 도중에 선생님으로부터 가르침을 받았던 것입니다."

아인슈타인은 입을 열었다.

"좋아, 그때의 일을 내 머리에서 털어내어 버려 주지 않겠는가?"

"아니요. 제 자신이 영원한 존재라는 것을 스피노자로부터 배웠기 때문이죠. 마음은 영원하고, 한동안 이 몸을 움직인 뒤에 이른바, 다음의 사명으로 옮기는 것이라고 가르침을 받았어요. 우리들은 시간으로 정의할 수 없는 존재이지요. 이를 통해 저는 많은 자기통찰自己洞察을 얻었습니다. 스피노자에 흥미를 갖게 된 것은 그때 선생님의 덕분입니다."

아인슈타인은 웃음을 참으면서, 내가 다음에 무엇을 말할까를 기다리고 있었다.

"스피노자를 계기로 해서 이번에는 칼융에 마음이 끌렸습니다. 그가 선생님의 친구들 중의 한 사람이라기보다는, 선생님이 우리들 공통의 친구이죠. 선생님도 높이 평가하고 계시지만 그는 이렇게 말하고 있습니다. '공간과 시간 속에서 생기는 일들은 객관적 사상事象과 인간의 정신상태가 상호의존 관계에 있는 것을 증명하고 있다.'"

"동감이네."

아인슈타인은 말했다.

"우주의 법칙 중에 구현화具現化하고 마음과 관련된, 미리 확립된 조화調和가 존재하고 있지. 자네와 나는 아무런 관계가 없는 남이지만, 어떤 패턴에 의해서 연결되어 있네. 우리들은 모두 무한히 패턴화된 산 경험을 갖고 있어."

나는 말을 덧붙였다.

"그러나 그것도 전생前生의 인연에 의해서 연결되어 있지요."

"아이고 맙소사!"

아인슈타인은 한숨을 내쉬었다.

"그럼 그것을 증명하겠습니다. 우리 유대인들의 동포, 예수가 '사람들이 인자人子를 누구라고 말하고 있느냐?' 라고 물었을 때, 제자들 중에서 '세례 요한[46]'이라고 말한 사람도 있고, 엘리야 또는 예레미야[47] 혹은, 선지자 중의 하나[48]' 라고 말했었다는 것을 읽고 놀랐습니다. 선생님은 언젠가 신은 '주사위 놀이' 는 하지 않는다고 말씀하셨습니다. 저는 1930년에 선생님을 방문했던 것까지 포함해서 우연은 없다고 해석하고 있습니다."

아인슈타인은 어깨를 움츠리고, 다 틀렸다라고 말하는 듯이 손을 들었다.

"그렇지요."

나는 빙긋 웃었다.

"저는 신비주의자이지만, 선생님도 직관을 사랑하시니 신비주의자입니다. 그리고 혼魂이라는 것이 나쁘다면 마음은 영원하고 존재가 어떤 단계에서 다른 단계로, 또는 어떤 시대에서 다른 시대로 경험을 쌓아 올려가는 것이라고 믿고 있습니다. 우리들은 어떤 목적을 성취하기 위해 육체를 갖고, 그것이 시공時空에 묶여 있기 때문에. 이 우주에서 일어나는 일에 우연은 없습니다. 베를린의 선생님의 집 문간에서 미친 작가를 만났던 일, 선생님이 나침반을 받아서 그 침의 움직임에 매료된 일, 혹은 선생님의 숙부님과 나중에는 학생이 선생님께 관심을 가진 일, 이 모든 일들은 사람과의 만남과 우리들의 목적과의 사이에 불가사의한 관계가 있는 것을 웅변하고 있습니다. 계단을 올라가서 느낌이 안 좋은 남자와 대치했을 때, 나는 아마도 선생님의 생명을 구했던 것인 동시에 나의 목숨도 또

---

46) 요한(Johannes): 기독교 신약성서에 나오는 인물. 요단 강에서 예수에게 세례를 주었다. 세례 요한이라고 한다.
47) 예레미야(Jeremiah): 구약성서의 예언자 중의 한 사람. 신을 거역하는 유대 사람들의 죄를 예리하게 분석하고 예루살렘의 파괴와 유대 민족의 고난을 예언했다.
48) 선지자 중의 하나라 하나이다:「마태복음」16장 13~14절.

한, 선생님이 구했던 것인지도 모릅니다. 프랑스에 망명해 있었을 때, 영국에 입국할 수 있는 범위는 뉴 헤븐New Haven 지역에만 제한되어 있었는데, 입국심사를 보고 있던 남자가 '이 사람은 나와 함께 국왕의 장례식에 출석한다.' 라고 말해서 도움을 받았습니다. '이 사람은 게슈타포의 하수인' 이라고 여긴 저는 해협을 배로 건너는 동안 그를 피하려 했으나 상대편에서 말을 걸어 왔습니다. 그러는 사이에 선생님의 일들과 지난 번 현관에서 있었던 사건들이 화제가 되어, 이것이 계기가 되어 친해졌는데 후에 이 인물이 느무르Nemours 공작이라는 것을 알게 됐지요. 정신적인 사명의 달성을 도와주는 것 같은 신비스런 관계와 불가사의한 힘이 존재하고 있던 걸요."

아인슈타인은 깊은 한숨을 내쉬고는 말했다.

"우리들은 불가사의한 인연이 있는지도 모르지만, 나의 신神은 물질계로서 나타나고 질서를 체현體現하고 있으며, 그리고 그 질서 또는, 법칙을 설명할 수 있는 것이라면 인생을 헛되게 지나지 않았다고 하는 것이지."

"그러나 전생에서 만났을지도 모르는 사람이라든지, 이생에서 선생님과 리버만이라든지 하웁트만 등, 선악을 뒤섞은 사람들을 제 자신과 관계 짓고 있는 무한한 실 가닥으로 짜여진 양심으로 삼아서 신을 해석하게끔된 것은 선생님 덕분입니다. 그리고 선생님의 직관처럼 저의 직관도 인생의 목적을 다함에 있어서 누가 도움이 되고, 누가 도움이 되지 않는 가를 교시敎示해 주고 있지요."

"바로 그렇다네."

아인슈타인이 말했다.

"신은 어려운 문제를 내놓지만, 우리들이 내적인 자아에 충실하면 모든 것을 해결할 수 있지."

아인슈타인은 그러고 나서 나의 생각에 대해서 이렇게 주의를 주었다.

"우리들은 자기의 존재를 정의하는 개념을 필요로 하고 있어. 선일까 악일까. 신神일까 악마일까. 또 중력의 법칙이라든지 물질과 따로 떼어낸 시간과 공간들, 주위의 물질계를 결정짓는 개념도 필요로 하고 있지. 이러한 개념은 너무나도 오랫동안 당연시 되어 왔기 때문에, 그 권위를 의심하는 사람이 없어. 우리들은 그것들은 인간이 만들어 낸 것이라는 사실을 잊고 있으며, 불멸의 진리를 나타낸 것으로 생각했지."

"그렇지만 아무것도 의심하지 않고 받아들이지 않으면 안 되는 개념도 있어요."

나는 반론하였다.

아인슈타인은 고개를 흔들었다.

"새로운 경험에 비춰서 지금도 옳은지 어떤지를 음미해서 되묻지 않고 선험적인 개념을 받아들이고 있으면 과학은 진보하지 않아."

그의 말씨는 급하게 빨라졌다가 늦어졌다가 해서, 나는 의자에 가볍게 앉아 미친 듯이 기록을 했다.

"세계는 실재하는 것으로 구성되어 있으며, 그 바탕에는 모순되지 않는 법칙이 있어. 신을 받들고 싶다면 그 완벽한 기구의 근본을 형성하는 이들 법칙을 이해하기 위해서 이성과 지성을 쓰면 좋겠지. 시공의 개념은 몇 세기 동안이나 이어온 것이지만, 그렇다고 해서 내가 의심해서 안 될 이유는 없어."

"그렇지만."

그는 계속 말했다.

"법칙은 그것이 수학적인 것이거나 논리적인 것인가를 불문하고, 인간의 지성의 자의적恣意的인 발명품인 사실을 잊지 않도록 해야 해. 따라서 그들이 어떠한 가치를 갖고 있다고 하면, 어디에선가 우리들의 경험과 관계가 맺어지기 마련이지. 세계는 오감으로 지각하고 있는 물리적 실재이고, 이 물리적 실재에 대한 고정관념만큼 과학의 입장에서 파괴적인 것은 없어. 천국이나 지옥, 신神과 악마가 있는 것인지 없는 것인지 나는 모르지만, 그러한 실제의 형이상학적 상징에는 흥미가 없네. 나로서는 이 세상의 인류에 충분히 봉사할 수 있다면 여기가 천국이지."

"아인슈타인 선생님, 전에 아시시에 대해 언급하셨는데, 그는 아마도 가장 위대한 인류의 봉사자 중의 한 사람이지요. 그 사실을 곰곰이 생각했습니다. 프란체스코회 회원이 되고 싶을 정도입니다. 이미 저는 퀘이커 Quaker파와 스베덴보리Swedenborg 협회에도 들어가 있고, 힌두교 경전도 공부했는데 모두가 선생님이 말씀하신 '우주적 종교' 경험에 맞서는 것이었습니다."

"되었지 않은가."

아인슈타인이 입을 열었다.

"성 프란시스의 '이해 받기보다 이해하는 쪽이 좋다' 라고 한 말을 읽은 적이 있어. 나로선 '우주적 종교'란 하나의 인류, 하나의 사랑, 하나의 평화를 뜻하는 것이네."

"그러나 프란체스코회 회원이라 하더라도, 사회규범과 무연無緣하게 있을 수는 없었습니다. 교단을 유지하기 위해서 규칙으로 묶을 필요가 있었던 것이죠. 프란시스가 좀더 오래 살았으면, 자기의 교단으로부터도 추방되었을 것입니다. 그는 이미 일부의 교단 구성원들로부터 '이단異端'으로 취급되고 있었으니까요."

"결국 그래서."

아인슈타인이 말을 가로챘다.

"모임이 아무리 이상적이고 필요한 것일지라도, 개개의 구성원들이 자기의 양심에 충실하지 않으면 안 되지."

"아아 그렇습니다. 선생님, 양심과 독일에 대한 재미있는 이야기가 생각나네요. 지난 해 여름에 신문에서 읽었던 것으로 생각됩니다만, 여덟 사람의 나치첩자가 파괴공작을 하기 위해서 미국에 밀파되었다고 해서, 워싱턴의 군사재판에 회부하기에 앞서, 죄상 심문이 행해졌지요. 그들은 폭약으로 철도의 기능을 마비시키기 위해, 교량과 터널 및 주요 신호설비들을 파괴하는 훈련을 받고 있었어요. 그리고 군수공장과 유대인들이 소유한 백화점에 폭탄을 장치할 준비를 했던 것입니다. 그때 저는 하버드 대학에서 제일가는 심리학자인 고든 알포트Gordon Allport 씨에게 이 여덟 사람의 사진을 갖다 주고, 나는 워싱턴으로 들어가서, 피고들이 전기의자에 앉게 되는 것을 구하기 위해 사법장관인 프란시스 비들Francis Biddle을 만나려고 달려갔습니다."

아인슈타인은 의자에 앉았다.

"독일 사람은, 죽임을 당하거나 감금되거나 하지. 그러나 지금 이 시각에 민주적인 생각과 행동양식을 배우게 할 길이 없네. 나치당의 배후에는 저서와 연설 가운데 저렇게 자기의 의도를 명확하게 하고 있는 히틀러에 표를 던진 독일 국민이 있지. 헤르만 박사, 자네는 아직 순진하단 말이야."

"알포트 씨도 똑같은 말을 했어요. 그래도 사법장관 앞으로 소개장을 써 주셨습니다. 그런데 그것을 건네 줄 때 '사회학자인 자네에게 심리학자로서 충고의 말을 하겠는데, 일단 집단심리가 형성되어 버렸다면 개인은 자기의 양심보다도 집단 쪽에 안주하고 싶어지게 되어 버린다.' 라고 타일러 주셨습니다."

"알포트 씨 말에 찬성하는군."

아인슈타인이 입을 열었다.

"그래도 나는 지난해 8월 초순에 소개장을 들고 워싱턴에 가서, 사법부의 장관실이 있는 건물 7층에 들어갈 수 있었습니다. 벽에는 역대 최고 재판장소 장관의 초상들이 즐비하게 걸려 있었어요. 저를 만나 주신 분은 사법부차관인 오스카 콕스Oscar Cox 씨였는데, 그는 아인슈타인 박사와 루즈벨트 부인과 그리고 퀘이커 교도의 후원을 얻어 국제청년운동을 일으키려고 하는 제 의도에 공감해 주셨습니다."

아인슈타인은 의자에 바로 고쳐 앉고 나서는 말했다.

"헤르만 박사, 자네가 야심적이고 값진 계획의 후원자들의 명단에 이름을 올려놓고 있다는 것을 이 자리에서 처음 들었는데, 아쉽지만 자네를 위해서 도와줄 시간이 없다네."

나는 그 말을 들은 체 만 체하며 말을 계속했다.

"콕스 씨에게 나의 시 〈전쟁〉과 〈VERDUN〉을 한 구절 한 구절 보여 드렸더니, 그는 도움이 되는 일이라면 무엇이든지 하겠다고 하셨어요. 이 한 마디 말은 '돌아라 팽이야!'의 주문 같았어요. 그래서 독일 사람의 피고들을 만나게 해 달라고 부탁했던 것입니다. 그는 눈을 마주했습니다. '왜요? 그것과 지금의 이야기는 어떤 관계입니까?' 나는 이렇게 대답했습니다. '만약 그들 가운데 작전에 참가했던 것을 후회하는 자가 있다면, 사형선고는 피할 수 있을 것입니다. 그리고 그 남자를 교육시킬 수 있다면, 우리들의 목적에 꽃을 안기는 일이 되겠지요. 나의 생각은 이렇습니다. 만약 그들 가운데 단 한 사람이라도 참회함으로써 전기 의자에서 구해지는 이가 있으면, 그는 저를 도와주는 세계정신을 지닌 젊은이로 길러 인류에게 훌륭한 공헌을 할 수 있겠지요.' 젊음이 넘쳐 흐르는 콕스 씨는,

나를 제압하고는 이렇게 말했습니다. '헤르만 씨, 당신은 몽상가네요. 저 놈들은 그런 패거리들이 아닙니다. 그들끼리 주고 받는 말을 모두 기록해 두었어요. 욕을 퍼붓고 증오와 경멸뿐. 서로 실패의 책임을 돌리는 싸움을 하고 있습니다. 그들에게도 양심은 있을 거라고 말씀하시는데, 그런 증거는 전혀 없어요. 사고思考를 통제 당한 독일 사람입니다. 죽을 때까지 저대로일 것입니다.' 콕스 씨는, 와인과 가벼운 식사를 내어주면서 정성껏 호의를 표해 주었습니다만 위로는 되지 못했습니다. 다음 날 나는 다시 알포트 교수의 연구실에 가서, 계획이 실패했다고 말했어요. 그는 '그것 봐'라고 하지 않고, 나의 기분을 위로해 주기 위해서 하버드 클럽에 가서 점심식사를 대접해 주셨어요."

"그는 좋은 사람이네."

아인슈타인은 말했다.

"내 기억이 틀리지 않으면, 그 독일 사람들 가운데 여섯 사람은 전기의자에 보내졌고, 두 사람은 다른 사람들의 수사와 체포에 협력했다는 구실로, 약간 감형되어 중노동 의무화, 장기금고형에 처해졌을 거네. 사악한 국가나 목적에 목숨을 바치는 것은 비극이지. 동포애를 외치는 양심의 목소리에 귀를 기울이지 못할 정도로 어지간히 강고한 성격이었을 거야."

시간을 알리는 시계 소리에 너무 오래 머물렀음을 알아차렸다.

"아인슈타인 선생님, 점심식사를 기다리고 있는 분이 있을지도 모르는데, 너무 오래 머물러서 죄송합니다."

그는 미소지으며, 어진 아버지처럼 따뜻한 눈시울을 내가 있는 쪽으로 돌렸다.

"이 세계에는 너무나도 많은 사람들이 배를 채우지 못하고 있으니 다소의 공복空腹은 예사이지."

아인슈타인은 한참 동안 나를 보고, 그리고 내가 작별인사를 하기 위해서 손을 내밀자, 흩어진 책상의 저쪽 편에서 일어서면서 말했다.

"우리들은 살아서 히틀러가 몰락하는 것을 볼 수 있다네. 프리드리히 대왕과 비스마르크의 유산은 아무것도 남지 않아. 지시받는 것을 좋아해서 지상의 법칙보다 우주의 법칙을 아는 것이 중요한 사실임을 잊어버린 불쌍한 독일 사람들! 우주의 법칙에 거짓은 통하지 않는다네. 그것들은 우리들의 손에 되돌아오지. 문자 그대로 신神의 입장에서는 천 년도 눈 깜짝하는 찰나刹那에 불과하지."

"그런데 아인슈타인 선생님은 처칠 경[49]이 미국을 방문하면 만나실 작정이십니까? 하버드 대학을 방문한다는 소문도 있는데, 언제인지는 모릅니다만."

"반가이 처칠 경에게 영예를 드리도록 하자. 승리는 그의 것이지. 그렇게 해야지."

그는 창밖을 내다보았다.

"그를 만난 적이 있어. 대단히 어진 분이고 장래를 내다보는 통찰력을 지니고 있어."

그는 나에게 미소를 띠었다.

"누구처럼 그도 약간 로맨틱한 곳이 있는데."

"영국에서 처칠 경이, 선생님을 평하면서 이렇게 말했다고 들었습니다. '적어도 칼이 아니고 펜으로 세계를 정복한, 한 사람의 남자를 만났다.' 라고."

---

49) 처칠(Churchill Winston Leonard Spencer): 1874~1965, 영국의 정치가 · 저술가. 60년에 걸친 의원생활을 보냈다. 각성 대신을 역임, 제2차 세계대전 중에는 수상으로 활약. 1953년 《제2차 대전 회고록》으로 노벨문학상을 수상했다.

아인슈타인은 한 장의 종이를 꺼내어 그것을 두드렸다.

"말 그대로 중력의 통일이론을 완성시키고 싶네."

아인슈타인은 노트를 접으며 정리하고 있는 나의 우울한 얼굴을 보았는지, 내 어깨를 두들기며 이렇게 말했다.

"힘을 내게, 자네는 Verdun에서 전쟁을 체험하지 않았나. 그 놀라운 관찰력으로 처칠의 하버드 대학 방문을 묘사하는데, 그 필력을 살리면 어떨까."

"아! 그렇습니다. 선생님."

나는 안주머니를 더듬었다.

"드리려고 했는데 잊고 있었던 단편작품이 있어요. 선생님 이래, 처음 우주적 인간을 만났던 이야기입니다. 남아프리카의 흑인 노부인이었는데, 테이블 마운틴Table Mountain 기슭에서 버려진 아이들을 키우고 있었어요. 이것을 읽어 주세요. 그러면 저를 자랑스럽게 여기게 되겠지요."

아인슈타인은 나의 어깨를 두드리며 싱긋 웃었다.

"지금 바로 읽어 보겠네."

그는 책상을 향해서 10분 정도의 사이에, 그 이야기를 다 읽었다. 그가 감동한 모습을 엿볼 수 있었다. 그는 책상 앞에 서 있는 나를 쳐다보고 원고를 돌려주면서 말했다.

"헤르만 박사, 문필활동을 계속하게. 그것이 자네가 사람들의 마음에 호소하는 가장 좋은 수단이야."

나는 우물거리며 말했다.

"다시 만날 수 있어서 대단히 즐거웠습니다. 기대에 부응하도록 노력할게요."

노트를 호주머니에 챙겨 넣고 돌아오는 길에 섰을 때, 머리가 쑤시고 아파왔다. 잔디를 밟고 지나면서, 아인슈타인이 잠시 멈춰 서 있는 창문 쪽을 뒤돌아보았다. 벌써 좌절감은 사라져 버렸다. 그는 망명자 문제와 국제경찰 그리고 물질을 지배하는 마음 등, 나의 제안에 어느 하나도 동의해 주지 않았다. 그러나 왔을 때보다도 마음이 푸근해져서 좌절할 수가 없었다.

오늘 아침에 보았을 때, 풀 깎기를 하고 있던 젊은이는 나무 아래서 졸고 있었다. 나는 걸음을 멈추고 젊은이를 쳐다보았다. 아인슈타인은 옳았다. 젊은이는 실재實在이고 단순한 개념은 아니었다. 지금 치르고 있는 전쟁도 현실인 것이다. 나는 마음을 고쳐먹고 사과의 편지를 쓰려고 마음먹었다.

"아니, 사과의 편지가 아니다."

나는 큰 소리로 말했다.

"처칠의 하버드 대학 방문 기사를 쓰자. 그래서 아인슈타인 선생님이 읽으실 수 있도록 해야겠어."

# 제3장_ 세 번째 대화

## 아인슈타인의 종교관
/ 1948년 9월

## 또 다시 공시성共時性 징조徵兆

두 번째 아인슈타인과 만나고 나서 5년이란 세월이 흘렀다. 그 동안에 기념해야 할 사건은 처칠 경이 명예박사 학위를 받기 위해서 하버드 대학을 방문한 일이었다. 런던에서 망명생활을 했을 때, 처칠 경과 만난 적이 있는 아인슈타인을 이 행사에 초청하려 했으나 거절당했다. 그 대신에 그는 처칠의 방문에 대한 기사를 써 주기를 바란다고 내게 말했다.

그래서 한 번 더 그가 있는 곳에 달려갈 구실이 생겼는데, 그것이 실현된 것이 5년 후였다. 전쟁 중에 나는 히틀러와 그의 저서 《나의 투쟁》에 대해서 강좌를 하며 한동안 소령 대우를 받으면서 전략사무국OSS[1]에 근무했다.

전후, 강제수용소에서의 희생의 실상이 밝혀져, 나는 가족의 대부분과

---

1) 전략사무국(OSS): Office of Strategic Services, CIA의 전신이 된 조직.

200명 이상에 이르는 친구들이 동지들처럼 학살 당한 사실을 알게 되었다. 완전히 맥이 빠진 나를 본 친구는 하버드 대학을 그만두고, 샌프란시스코에 있는 크리스천 사이언스 요양원에서 요양하도록 주선해 주었다. 그곳에는 의사가 없는 대신에, 우거진 숲과 새들과 꽃, 그리고 아름다운 해안이, 보다 더 완벽한 치유력을 지닌 자연이 있었다.

그 낙원에서 반 년 동안 머무른 뒤, 초청을 받아 산 조San Jose 주립 대학의 독일문학 교수가 되었다. 그곳에서 다시 공시성共時性의 징조가 생겼던 것이다. 목사가 될 준비를 하고 있던 로버트 메리트Robert Merritt라는 제자가 캐나다의 온타리오주Ontario에 있는 개신교의 캠프에서 네덜란드 복음전도사인 코리Corrie에게 나를 소개해 준 것이다. 그녀에 따르면 미시간주Michigan의 가톨릭 라디오방송 전도사인 코플린Coughlin 신부가 괴벨스의 프로파간다 수법을 본받아서 아인슈타인을 대상으로 몰아세워 공산주의자라고 비난하고 있다고 한다. 게다가 캠프의 또 다른 한 사람의 초청자였던 제임스 목사가 프린스턴에 있는 자택에 초청해 줘서, 나는 쾌히 승낙하였다. 이 얼마나 좋은 기회인가!

히틀러가 죽고 난 후, 이야기하고 싶었던 일들이 산더미처럼 있는데 세계의 안전과 국제경찰, 처칠 경의 하버드 대학 내방, 그리고 무엇보다도 히틀러가 "적에게 독일 사람의 밀알을 한 톨이라도 넘겨줘서는 안 된다. 정보를 누설하는 독일 사람의 입도, 적을 돕는 독일의 손도 있어서는 안 된다. 죽음과 전멸과 증오만을 줄 뿐이다(Langer, p.237)."라고 외치던 독일 사람. 그 독일 사람을 지금 어떻게 구원하면 좋단 말인가!

# 유대인 아인슈타인

뉴욕주의 뉴 로셸New Rochelle에서 누이인 힐다와 휴가를 보내고 있는데, 제임스 목사로부터 고등학술연구소의 아인슈타인 방문이 가능하게 되었다는 전화가 왔다. 나는 힐다에게 운전을 부탁하고 그녀의 딸, 두 아들과 함께 아인슈타인을 만나러 갔다. 사진기도 들고 모두 완벽한 아메리칸 패션이었다. 제임스 목사는 프린스턴에서 합류하고, 힐다와 조카딸은 연구소의 아름다운 정원을 산책하기 위해서 우리들과 헤어졌다.

내가 세 사람의 알지 못하는 손님을 데리고, 아인슈타인의 은둔처에 돌연히 나타난 것을 보고, 아인슈타인의 비서는 놀라는 기색을 감추지 않았다. 같이 온 사람들을 소개하니 그제야 그녀의 얼굴에 안도하는 기색이 떠오르고, 우리 일행을 긴 회랑이 끝나는 문 앞까지 안내해 주었다.

우리 일행이 들어가자 서류와 책들이 산더미처럼 쌓인 책상에서 아인슈타인이 일어섰다. 뒤에는 공식들을 수없이 적어 흩으러 놓은 커다란 흑

판이 있었고, 그는 청소부에게 '지우지 말아 주세요!' 라고 주의시켰다. 두 사람의 조카와 목사를 소개하자, 그는 앉으라는 시늉의 몸짓을 보였다. 그러나 의자가 하나 모자랐다. 게다가 비서는 문을 열어 젖혀 놓고 있었다. 우리들을 신용할 수 없는 것일까? 모두가 선 채로였다.

혼자서 와야 했을 것 같다. 그러나 제임스 목사와 조카들을 두고 오는 것은 의리 없는 일이리라. 아인슈타인은 아무것도 하지 않는다. 어쩔 수도 없는 사람이다. 선 채로 이야기하자는 것이 아닐까? 그는 딱한 듯이 나를 보고 있었다.

"아무쪼록 앉아 주세요."

내가 말하니까, 아인슈타인은 난처한 듯 대답했다.

"그렇지만 의자가 모자란다 말이야."

이쪽은 묻고 싶은 중대한 질문이 있기 때문에, 큰 마음을 먹고 말했다.

"염려 마시고 앉으세요. 조카인 에드거는 젊으니까 바닥에 앉아도 됩니다."

나는 될 수 있는 한, 많은 작은 기록 용지를 눈에 띄지 않도록 무릎 위에 얹고 의자를 아인슈타인의 책상 정면에 당겨 붙였다. 그는 커다란 갈색 눈을 내게로 돌렸다. 그러나 나의 웃는 얼굴에 응하지 않고, 먼저 목사를 한번 언뜻 보고, 다음에 내게 시선을 돌렸다. 분위기가 좋지 않았다. 그러나 격식을 갖출 여유가 없었다. 일을 열심히 하는 비서가 언제 다른 손님의 내방을 알릴지도 모르는 터라 독일, 러시아, 원폭, 그리고 세계정부들에 대한 아인슈타인의 의견을 청취할 필요가 있었다.

"아인슈타인 선생님, 독일에 돌아가고 싶은 생각은 없으신지요?"

"내가?"

그는 난처한 듯 머리를 흔들었다.

"선생님을 필요로 하는 곳에 계시면, 한층 더 세계에 공헌하실 수 있지 않습니까?"

"여기가 마음에 들기 때문에, 아직 독일에 갈 이유가 없네."

이번에는 아인슈타인이 빈틈없이 대답했다.

"새로운 독일, 새로운 세계를 만들기 위해서, 독일 사람들은 우리를 필요로 하고 있습니다."

"이곳에서 세계를 만들 거야."

아인슈타인은 빙긋 웃으면서 말했다.

"그렇습니다. 평화로운 기독교 세계를요."

제임스 목사가 말머리에 끼어들었다.

"독일에서 편지가 옵니까?"

나는 물었다.

"음, 유감스럽게도 답장을 한 번도 쓰지 않았지만, 매일 많은 편지가 오네. 그렇지만 대다수의 독일 사람들은 그렇게 변한 것같이 보이지 않구면."

"독일에 이젠 나치는 없는 것 같습니다."

내가 말하자, 제임스 목사가 즉각 말을 덧붙였다.

"독일 사람들은 과거를 부끄럽게 여기고 있습니다."

아인슈타인은 빙긋 웃었다.

"독일에는 반유대주의자는 원래 한 사람도 없었던 것 같고, 6백만 명의 훌륭한 유대인들이 살고 있었을 테고. 독일 사람들은 모두, 적어도 한 사람의 훌륭한 유대인 사람을 알고 있다고 말하고 있지 않은가."

나는 말했다.

"혹은, 독일에 훌륭한 유대인 한 사람이 있어서 6백만 독일 사람에게 알려져 있다고 하는 말이지요. 그 유대인은 선생님을 말하는 것입니다."

아인슈타인은 긴 머리칼이 귀를 덮어 씌울 것같이 해서, 머리를 흔들었다.

"너무 추거세우지 말게."

그가 파이프에 손을 뻗치자 불을 붙이려고 두 조카와 목사, 세 사람이 동시에 일어섰다. 아인슈타인이 자기 손으로 붙이기 시작하자 세 사람은 자리에 앉았다.

목사가 입을 열었다.

"교회는 전쟁이 끝나자마자, 바쁘게 되었습니다. 지금은 기도회가 여기저기서 열려 독일 사람들에게 죄와 부끄러움을 의식하게끔 하는 설교만을 하고 있습니다."

나는 말했다.

"편지에 따르면, 그렇게 약발 받는 설교가 되지 않았던 것 같던데요. 공습으로 불타 버린 독일 사람 가족들로부터, 어떤 미국인 학생 앞으로 보내온 소포에 대한 답례의 편지를 번역한 것이지만, 그 한 구절에 이렇게 적혀 있었습니다. '어제 아침, 창밖은 눈과 얼음이었는데, 우리 집 난로에는 석탄이 없습니다. 나는 낙담하지 마, 예전부터 지금까지 함께 하는 독일의 신은 여전히 건재하니까라고 처에게 말했습니다.'"

"그렇지. 독일의 신은 아직 살아있네."

아인슈타인이 중얼거렸다.

"그러니까 자네는 그곳에 돌아가야만 된다고 하는가!"

"다른 편지는 이렇습니다. '소포, 고마웠습니다. 그렇지만 당신네들 미국인들이 철도 요금을 더 많이 싸게 해 주기만 하면, 우리들은 프랑스나 이태리 및 네덜란드에 사는 자식들의 성묘를 할 수 있을 것입니다. 지금은 돈이 모두 당신네들의 손에 있으므로, 가고 싶은 곳에 갈 수 있을 만큼의 돈을 갖고 계시겠지요. 우리들은 가난하지만, 자식들은 당신네 나라에서 부모를 위해서 죽은 것처럼, 조국을 위해서 죽은 것입니다.'"

"아니, 우리 미국인들은 다른 이유로 싸운 것입니다."

목사는 반론하고 조카들은 찬성하였다.

나는 말했다.

"저만의 생각인데요, 포슈Foch[2] 원수元帥의 다음과 같은 말이 히틀러 병사들의 묘비명으로 가장 알맞지 않겠습니까?"

그는 사람이 신이 될 수 없는 것을 잊고 있었다.

그는 개인 위에 국민이 있고, 인류 위에 도덕률이 있는 것을 잊고 있었다.

그는 전쟁이 궁극의 목적이 될 수 없음을 잊고 있었다.

전쟁 위에 평화가 있기 때문에.

"프랑스 장군이 아니고 독일 장군이 그것을 알고 있었다면, 전격 작전들은 절대 없었을 텐데."

아인슈타인은 머리칼을 쓸어 올리면서 중얼거렸다.

"독일에는 돌아가지 않을 거네."

나는 화제話題의 처음 항목을 없앴다.

"우리들은 가족, 친지들을 잃었던 아우슈비츠Auschwitz[3]를 잊을 수 없

---

2) 포슈(Ferdinand Foch): 1851~1929, 프랑스 군인. 전략에 탁월해 제1차 세계대전 말기에 연합군 최고사령관을 지내면서 독일군을 괴멸로 이끌었다.

3) 아우슈비츠(Auschwitz): 폴란드 남부의 작은 상공업 도시. 제2차 세계대전 중에 나치 독일군의 중노동수용소와 의학실험소가 만들어져, 포로들과 유태인, 폴란드 사람들의 대량 학살이 자행된 곳. 전후에 수용소는 박물관이 되어 있다.

습니다.”

아인슈타인은 고개를 끄덕였다. 침묵의 시간이 흘렀다. 그는 독일과 자기의 가족, 친지들의 운명을 슬퍼하고 있었음에 틀림없다. 그의 머리칼은 하얗게 되었고, 양피지처럼 매끄럽던 피부에는 깊은 주름이 있었다. 그러나 그의 갈색 눈은 변함없이 어린아이처럼 빛나고 있었다. 그는 흡사 단 한 벌의 나들이옷처럼, 셔츠의 깃이 보이지 않는 옅은 푸른색 스웨터를 입고 있었다. 그리고 프란체스코 회의 수도사처럼 나무로 만든 샌들을 맨발로 신고 있었다.

비서가 방안을 들여다보았다. 그리고 이야기가 계속되고 있는 것을 보고, 에드거를 위해서 의자를 갖다 주고는 문을 닫았다. 나는 용기를 내어 말했다.

“아인슈타인 선생님, 늦었지만 사죄드릴 말씀이 있습니다. 사실을 말씀드리면, 지난번에 만났을 때 물질이 에너지로 변한다고 하는 선생님의 이론을, 물질이 실재實在하지 않는다고 해석함으로써, 선생님을 종교 활동의 신神으로 모시려 했습니다. 물론 선생님을 동아리에 넣고자 했던 몇 천이나 되는 사람들도 똑같은 오해를 하고 있었을 것으로 생각됩니다.”

아인슈타인은 빙긋 웃었다.

“알았어, 알았네. 때로는 소수파에 편들 수도 있지. 충분히 내용을 조사할 시간이 없더라도, 소수파의 요청에 서명하는 일에는 인색하지 않아. 나는 유대인이기 때문에, 알고 있는 것처럼 약자를 동정하고 항상 도와주고 싶어하지. 그렇다고 해서 물질이 실재하지 않는다고 하는 것까지 말할 수는 없지. 물질이 허구虛構라고 한다면, 중력 이론 같은 것을 연구하지 않았을 거야. 물론 오감五感에 의한 경험이 배제되는 일과 같은 것은 절대로 있을 수 없고, 그뿐만이 아니라 우주의 물질법칙 해석에 앞으로도 쓰이게 될 거네."

"병을 치료하는 고귀한 일을, 정신력만으로 할 수 있다고 믿었던 것은 잘못이었어요. 빌기만 하면 의사 같은 것은 필요 없는 것으로 여기고 있었습니다만, 지금은 물질이 실재하고 독자적인 법칙이 있는 사실을 이해해요. 위대한 성인들까지도 병은 이기지 못하기 때문에요. 아인슈타인 선생님, 선생님의 이론을 예전부터 지금까지 흘러온 신앙에 맞추어 제멋대로 해석해서 죄송합니다."

여기서 나는 말소리를 높였다.

"물론, 사람은 자기 자신이 4차원 존재인 사실을 깨닫게 되겠지만요."

제임스 목사가 생도인 것처럼 손을 들어 올리고, 아인슈타인은 좋은 대로라고 하는 것처럼 고개를 끄덕였다.

"아인슈타인 선생님, 선생님은 시간과 공간은 실제로는 존재하지 않는다고 말씀하셨습니다. 정말 꼭 그대로입니다! 그리스도가 약 2000년 전에 그것을 시사했었습니다."

파이프를 물고 있던 아인슈타인은 느닷없이 입에서 파이프를 빼고, 머리를 긁적였다. 도대체 지금부터 어떤 일이 벌어질까.

# 상대성이론을 둘러싼 과학자들

목사는 안경을 벗고 몸을 내밀었다.

"예수는 자물쇠가 채워진 문을 들어갈 수 있었고, 동시에 여러 사람의 앞에 나타났습니다. 그의 앞에 공간은 존재하지 않았던 것이죠. 그는 호숫가 기슭에 있었는가 하면, 다음 순간에는 반대편 기슭에 있었습니다. 시간도 그의 앞에는 존재하지 않았던 것입니다."

아인슈타인은 또 머리를 긁적거리고 있었다. 나는 말했다.

"예수가 신통력을 발휘하고 있었다고요? 그는 우리들도 같은 마음을 받기만 하면, 훨씬 더 엄청난 일을 할 수 있다고 단언했습니다. 그는 4차원으로 가는 길을 보였던 것입니다. 아인슈타인 선생님, 선생님도 그렇습니다."

아인슈타인은 머리를 흔들었다.

"4차원이란 그런 것이 아니거든."

목사는 의자에 다시 앉아 기분 좋은 미소를 짓고 있었다.

"아인슈타인 선생님, 모든 것이 상대적인 것이지요, 네."

아인슈타인은 몹시 곤혹스러워 보였다.

"그래, 현명한 사람은 그런 것을 깨달아서 알고 있지."

"그리스도는 현인 이상입니다."

목사는 말을 계속했다.

"그에게는 물리법칙 같은 것은 존재하지 않습니다."

아인슈타인은 약간 웃음을 띠면서 의자에 깊숙하게 앉아, 다시 파이프를 입에 물었다. 목사의 창백하고 열정적인 얼굴을 보면서, 십자군의 정신이 우리들 가슴 속에 있는 것 같은 느낌이 들었다.

"그러한 신앙은 특별히 기독교인에 한정된 것이 아닙니다."

내가 말을 거들었다.

"인도의 한 스님인 브라마차리Brahmachari 박사의 말에 따르면, 티베트의 승원에서는 승려가 벽을 뚫고 나갈 수 있다고 하고, 강한 정신력을 방사放射함으로써 문둥병이든 암이든 어떤 병이라도 원격치료를 한다고들 합니다."

아인슈타인은 참을성 있게 듣고 있었다. 그리고 목사를 향해서 말했다.

"시간과 공간의 상대성을 지배하는 물리법칙을 아는 것으로 나는 만족스럽네. 미안하지만 나는 유클리드와 라이프니츠, 가우스Gauss, 그리고 리만의 제자이지, 예수의 제자는 아니거든."

그리고 나서 나를 보고 말했다.

"자연법칙을 부정하는 데는 헛소리 정도는 좋은 거라네. 그 전에는 어떤 인간의 구실도 빛이 바랠 정도의 영지英智가 나타나고 있으니까 말이야."

"종교적인 견지에서도 물질은 실재實在할 필요가 있습니다."

제임스 목사가 말했다.

"그렇게 말하는 것은 물질적 고통 없이는 정화淨化가 있을 수 없고, 신에게 가까이 갈 수도 없기 때문입니다."

아인슈타인은 놀란 것 같은 시선을 목사에게 돌렸다.

"종교적인 입장에서 물질의 존재를 인정하고, 안 하는 것은 목사로서 당신의 특권이네. 그러나 사람은 그러한 선험적先驗的인 관념 같은 것을 언제든지 다시 조명해 볼 수 있는 능력을 가진 것을 자랑으로 여겨야 하네. 그렇게 하면 과거 몇 세대에 걸쳐서 절대적 진실이라고 믿고 있었던 많은 개념들이 한정적인 것이었든지, 혹은 아무런 가치 없는 것이었다는 것을 발견하게 될 것이네. 이것은 교회에 대해서도 말할 수 있는 사실이지."

"이 세상에서의 생生이란 무엇이겠습니까?"

목사가 말했다.

"시편詩篇 저자는 이렇게 말하고 있습니다. '인생은 그날이 풀과 같으며 그 영화가 들의 꽃과 같도다. 그것은 바람이 지나면 없어지나니, 그곳을 다시 알지 못하거니와' [4]라고."

아인슈타인은 목사를 따뜻하게 바라보고 난 뒤 나를 보았다. 나는 말머리를 돌렸다.

"아인슈타인 선생님, 선생님은 민족주의에 의해서 과학이 타락한다고, 자주 말씀하셨지요. 독일의 교육자들이 히틀러의 제3 제국주의시대에,

---

4) 인생은 그날이 풀과 같으며 그 영화가 들의 꽃과 같도다. 그것은 바람이 지나면 없어지나니, 그곳을 다시 알지 못하거니와: 구약성서 「시편」 103장 15~16절.

상대성이론에 대해서 발언한 사실을 뒤돌아 보면 재미있습니다. 아헨 Aachen 공과대학의 밀러 교수는 선생님이 이 세계를 바꾸어 놓으려 하고 있다고 하면서 이렇게 적고 있습니다. '어미인 대지에서 태어나, 피와 긴밀한 관계를 맺으면서 살아 왔던 세계는, 인간이나 국가 간의 차이도 민족의 정신적 한계도 허구의 가운데로 소멸시키고, 법칙을 무리하게 부정함으로써, 무엇이든 만들어 내는 비현실적인 잡다한 기하학적 차원만이 남는 공허한 추상개념으로 둔갑시켜 버리고 말았다.' 라고. 드레스덴 Dresden의 물리학 연구 소장인 토마스체크Tomascheck 교수는 이렇게 말했습니다. '근대물리학은 세계의 유대인들이 북유럽 인종의 과학을 파괴하기 위한 도구가 되어 있다. 사실 물리학은 독일 정신의 산물이고, 모든 유럽 과학은 아리아인Aryan, 다시 말하면 독일 사람의 사고思考의 산물이다.' 라고. 선생님과 오랜 친구이신 스타크Stark 교수는 '물리 연구의 창시자들이라든지 갈릴레이, 뉴턴을 거쳐 오늘날의 물리학의 개척자에 이르는 위대한 발견자들은 모두 북유럽 인종 가운데서 우위를 차지하고 있는 아리아인에 속해 있다.' 라고 공언했습니다. 그리고 베를린 필하모니에서, 선생님을 면전에서 매도한 레너드 교수가 있습니다. 교수는 그의 저서 《Physik》 가운데서 이렇게 적고 있습니다. '모든 유대인 과학을 총괄한다면, 아마도 그 조상부터 유대인인 알베르트 아인슈타인이 떠오르게 될 것이다. 그의 상대성이론은 물리학 전체의 혁명과 지배를 노리고 있다. 사실인즉, 지금 이 이론은 부서져 쓰레기통으로 전락하고 있다. 그 이론은 진리를 목표로조차 하지 않았다.' 노벨상을 수상한 이 사람의 다음과 같은 글을 읽은 나치는 얼마나 좋아했을까. '과학은 다른 모든 인간의 산물과 똑같이 인종적이고 혈통에 좌우된다.' 라고."

제임스 목사는 성서를 흔들어 대면서 말했다.

"이것이 알 가치가 있는 유일한 인간의 역사입니다."

아인슈타인은 내 쪽을 향해서 말했다.

"제임스 목사는 좋은 곳을 짚고 있는데 독일 과학자들의 그런 주장에는 흥미가 없네."

나는 말을 이었다.

"선생님 생애 최대의 통한사痛恨事 중의 하나는 프로이센 과학 아카데미의 경험이겠지요."

그리고 조카들을 향해서, 아카데미가 나치로 전향해 아인슈타인을 중상하고, 그뿐만 아니라 국외에서 독일 사람을 칭찬함으로써 충성을 나타내도록 한 전말顚末을 이야기했다. 그 뒤 아카데미는 잊기 어려운 답을 받았던 것이다. 나는 아인슈타인을 향해서 자세를 바로 했다.

"선생님은 독일 사람들에게 아부하는 것은 전 생애를 걸고 그를 위해서 쌓아온 공정과 자유의 개념을 부정하는 것이고, 매너리즘에 빠져서 문화가치의 파괴를 가져올 것이라고 말했던 것입니다. 그러한 상황임에도 불구하고 플랑크 박사는 히틀러로부터 선생님을 감싸려고 했었지요."

"플랑크 박사는 대단한 학자였네."

아인슈타인은 말했다.

"그의 여러 발견은 현대의 원자라든지 분자연구의 기초가 되어 있지. 그는 위대한 인물이었어. 친하지는 않았지만 깊이 존경하고 있다네."

"아카데미 회원들 가운데는 탈퇴하는 회원들이 있을 만하지 않았습니까."

내가 말했다.

"그렇게는 생각하지 않네."

아인슈타인이 대답했다.

"거의 대부분의 회원들은 과학자이기 전에 독일 사람이었네. 국가에 대한 충성심이 인류에 대한 의무를 방해했던 것이지. 주저하지 않고 그렇게 단언하네. 프러시안 주의의 잊을 수 없는 체험이 있기 때문이지."

그는 조용히 말을 계속했다.

"제1차 세계대전이 절정에 달했을 때, 폰 클루크von Kluck의 군대가 벨기에에 침공하고, 그 뒤에 학살이 자행되었다고 들었을 적에, 나는 참으려 해도 참을 수 없어 아카데미에 항의했네. 그 당시 플랑크 박사가 그곳에 있었어. 네른스트와 뢴트겐, 그리고 하버도."

"노벨상을 수상한 사람들뿐이네요."

내가 말을 거들자 아인슈타인은 말을 계속하였다.

"그들은 모두, 나를 이해할 수 없다고 입을 맞추기라도 한 것처럼, 그 자리에 앉아 있었어. 과학의 국제성이 유린당하는 것만큼 싫은 것은 없고, 독일이 현대 문명의 최고봉이라고 한, 그 잊어야만 될 선언에 아카데미 회원의 거의 모두가 서명했을 때는, 조지 니콜라이George Nicolai와 빌헬름 포에스터Wilhelm Foerster 그리고 내가, 정복征服 없는 평화와 유럽의 통일을 요구하는 반대선언을 기초하기도 했어. 친구인 하버가 네른스트와 함께 독일 육군 소령이 되어 '독가스 연구'의 명령을 승낙한 것을 들었을 때 만큼 슬펐던 적은 없었네. 하버는 일찍이 전쟁을 유리하게 끝내기 위해서, 독일이 곧 '맹독가스폭탄'을 사용할 것이라고 내게 말해 준 적이 있었어."

"네. 그 가스는 알고 있고말고요."

나는 기억을 더듬어 말했다.

"티오몽Thiaumont의 참호塹壕를 빼앗아 승리했을 때, 몇백 명에 이르는 프랑스 병사들이 독가스에 의해 죽은 것을 봤어요. 그들을 매장하려

해도 실어내는 것이 무리였기 때문에 하는 수 없이 같은 장소에 흙을 파고 묻었어요. 그리고 우리들은 진지를 점거하고, 시체 위에서 자고 일어나지 않을 수 없었던 것이죠."

에드거가 젊음에 힘입어 이야기에 뛰어 들었다.

"선생님의 이론의 중요성이 인정되는데 힘이 되었던 분은 누구입니까?"

"막스 플랑크 박사이죠."

내가 말했다.

아인슈타인은 천천히 고개를 흔들었다.

"막스 플랑크 박사는 이론의 중요성은 알고 있었지만, 공식적인 발표에는 조심스러워 했어. 아무도 이해할 수 없을 것으로 여겼지. 예를 들면 빛이 직진한다든가, 시간이 절대라고 하는 등의 상식을 버리는 것은 대단히 어려운 일이지. 시간이라는 것은 심리적인 개념이기 때문이야."

"바로 그렇습니다. 아인슈타인 선생님."

목사는 밝은 표정으로 말했다.

"우주를 창조한 7일 간은, 우리가 보는 달력의 7일 간과 같지는 않습니다."

아인슈타인은 빙긋이 웃으면서 머리를 끄떡였다.

"그렇고말고."

그리고 내 쪽을 향해서 말했다.

"막스 플랑크 박사는 즉시 나와 편지 주고받기를 시작했다네."

"선생님이 주목받기까지, 얼마나 걸렸습니까?"

조카인 허버트Herbert가 물었다.

"2년 뒤의 일이지. 취리히 대학의 무급교원이 되지 않겠느냐라고 권유를 받았지만, 그대로 베를린의 특허사무소 일을 계속했어. 그리고 은사이면서 친구인 헤르만 민코프스키Hermann Minkowski가 나의 모든 연구 업적을 한 마디로 요약해서 '상대성이론'을 이해하기 쉽도록 해 주었어."

나는 예전 일을 상기해서 말했다.

"그가 죽음의 문턱에서 '상대성이론이 발전하는 시대에 죽지 않으면 안 된다는 것은 그 얼마나 서러운 일인가!'라고 한탄했다는 이야기를 읽은 적이 있습니다."

그리고 이렇게 말을 계속했다.

"아인슈타인 선생님, 선생님이 취리히 대학 이론물리학의 조교수 자리를 마련해 주겠다고 했을 때, 특허사무소에 더 있고 싶다는 이유로, 자기 대신에 친구이면서 이전부터 대학에 있었던 아들러Adler를 승진시키도록 부탁했다고 하는 이야기를 읽었습니다. 자신보다는 다른 사람을 먼저 챙기셨네요."

아인슈타인은 눈살을 찌푸렸다. 한참 동안 말이 없다가 이윽고 입을 열었다.

"어차피 잘 풀리지 않았지. 내 강의의 청강생은 몇 안 되었고, 게다가 그 중의 한 사람은 집에 난로가 없기 때문에, 발을 따뜻하게 하려고 온 것이 아닐까 할 정도였으니까."

"그럼, 정말로 길이 열린 것은 언제였습니까?"

에드거가 말했다.

"1913년 겨울의 일이었어. 플랑크 박사와 네른스트가 베를린으로부터 프로이센 과학아카데미Preussen Academy of Science 회원의 자격을 주려고 나를 찾아 왔지."

나는 말했다.

"세간에서는 선생님이 이렇게 말씀하셨다는 평판이 있는데요. '이제, 베를린 사람들은 내가 알을 낳을 닭인 줄로 여기고 있겠지만, 자신은 아직 알은 낳을 수 있을지 없을지 모릅니다.' 라고요."

모두가 웃고 아인슈타인은 마루 쪽을 보고 미소지었다.

"선생님이 외국에 강연하러 가셨을 때, 훔볼트 클럽의 일부 학생들이 어떻게 선생님을 중상하고 있었는지를 기억하고 있습니다. 선생님이 과학대사로 바람직하다고 내가 말하니까, 누군가가 재빨리 가로막아 '간장肝臟이 담즙을 내는 것처럼, 자연히 뇌는 사고思考를 낸다. 독일 사람의 뇌는 독일 사람의 사고를 낸다. 그러나 아인슈타인은 독일 사람에 대해서 아무런 메시지도 내지 않는다.' 라고 말했습니다. 미국 학생과 프랑스 학생 몇 사람은 이에 항의하여 클럽을 떠났습니다."

# 우주·신·종교 각각의 두 가지 이론

아인슈타인은 얼굴을 들었다.

"스피노자는 세간의 유력한 사람들로부터 영예를 받으라는 것을 거절하고, 안경 알을 가는 한 사람의 직업인으로서 일생을 마쳤다네. 만약 다시 태어난다고 하면 구두 만드는 직업인이 되어 조용히 사색思索하고 싶다고 했네. 아! 지금의 대학에는 자기가 가장 위대하다고 하는 권력망자權力亡者들의 지성편중주의知性偏重主義가 만연되어 있지. 이래서는 과학자가 전제 정치의 앞잡이로 전락하고 있는 것도 불가사의한 일이 아니네."

잠시 시간이 흐른 뒤에 허버트가 물었다.

"두 가지 상대성이론을 어떻게 하면 잘 설명할 수 있을까요."

아인슈타인은 의자의 등받이에 기대어 천장을 쳐다보며, 몇 세기 동안, 사람들은 물질이 존재하지 않더라도 공간과 시간은 존재한다고 여기고 있었다고 말했다. 그러나 상대성이론은 우주에서 물질이 소멸해 버리면 공간과 시간도 소멸해 버린다고 가르치고 있다.

"이 이론은 에너지가 운동의 원인이라는 것도 가르치고 있네. 그러기에 질량은 운동이고, 속도가 증가할수록 질량도 증가하지. 따라서 운동하는 물체의 질량은 정지하고 있는 물체의 질량보다도 크네. $E = mc^2$의 방정식에 의해서, 물질을 응축된 에너지로 변환할 때 발생하는 에너지의 양을 정확하게 계산할 수 있게 되지."

그는 말을 계속했다.

"일반 상대성이론은 운동 상태에 관계없이 자연법칙이 모든 시스템에 대해서 동일함을 나타내고, 특수 상대성이론은 자연법칙이 서로가 상대적으로 등속운동을 하는 모든 시스템에 대해서 동일함을 나타내고 있지."

"선생님은 정설定說이라고 딱 잘라 결별訣別했었지요."

허버트가 말했다.

"그래, 중력의 평형과 관성은 단순한 자연의 장난이거나, 혹은 일시적인 효과에 지나지 않는다는 뉴턴의 개념은 나의 이론에 의해서 종말을 맞이했지. 지구가 물체를 잡아당기고 있다든가, 중력이 우주를 통합하는 법칙이라고 하는 것을 나는 절대로 믿지 않았어. 이러한 것들은 기계적 우주론의 환상의 그림자였지. 나의 중력장법칙에는 힘에 관한 것은 들어가 있지 않아. 천체는 어린이들이 튀기는 구슬놀이의 궤적軌跡처럼 최소저항의 법칙에 따라서 중력장重力場 속의 길을 따라가고 있을 뿐이지. 뉴턴의 원격작용이론은 틀렸어. 천체는 각각, 물리적 실재實在인 전자장電磁場을 만들고, 명확한 구조를 갖고 있어. 이처럼 우주 속의 모든 것들은 운동을 하고 있지. 물고기가 바닷물 속을 헤엄치는 것처럼, 우주에서는 은하銀河가 공간과 시간을 헤엄치고 있는 것이지."

"1kg의 석탄이 순수 에너지로 변하면, 미국의 모든 발전소가 2개월 간에 발전할 수 있는 2,500만 킬로와트아우어kilowatt-hours의 전력에 맞먹는다고 하는 것은 정말입니까?"

이번에는 내가 묻자 아인슈타인은 고개를 끄덕이며 말했다.

"상대성이론의 개념을 간단히 설명하기 위해서, 항상 이러한 예를 드네. 자네가 어떤 아름다운 여성과 함께 공원의 의자에 앉아 있고, 게다가 하늘에는 달이 빛나고 있다고 하면, 자네로서는 한 시간도 1분으로 느껴질 거야. 그러나 앉은 자리가 뜨거운 난로라고 하면 1분이 한 시간으로도 느껴지겠지."

아인슈타인이 책상 위의 서류에 눈을 돌리기에, 나는 일어서서 자서전은 쓰지 않으시는지 물었다.

"친구들은 많이들 권하고 있지만, 거절해 왔네. 쓸 만한 가치가 있는 것이 없기 때문이지. 나의 인생은 그렇게 파란만장하지 않네."

"그러나 아인슈타인 선생님, 우주에 보편적으로 적용되는 상대성이론을 발견하셨지 않습니까? 게다가 공간이 물체에 어떻게 작용해야만 할 것인지, 혹은 물체가 공간에 어떻게 굽어야 할 것인지를 전한다느니 하는 것은 선생님 이전에는 아무도 몰랐던 일이고, 이젠 다른 세계로 날아오르는 것 같은데요."

그는 미소지으며 어깨를 으쓱했다.

"직관直觀과 좋은 때에 좋은 장소에 마침 있었던 기회를 얻었을 뿐이네. 선배인 위대한 과학자들의 여러 발견들이 없었다면, 나의 발견도 있을 수 없었지."

"프로이센 과학 아카데미에서 한 번 더 다시 불러내지 않을까요."

조카인 에드거가 물었다.

"관심 없네."

아인슈타인이 대답했다.

"지금은 미국인이 된 것을 좋아하시는 것 같은데요."

제임스 목사가 말했다.

"그럼, 좋아하고 있지. 미국인은 멋지고 딱딱한 유럽 사람과는 대조적이야. 어린이처럼 낙천적이고, 남을 미워하지도 않는다네. 그러나 무엇보다도 좋은 점은 미국인은 사회에 대해서 의무를 다하는 것이지. 독일에서자란 나는 '당신과 평등, 당신과 나도 평등하다'고 하는 기본적인 민주주의 원리를 결코 배우지 않았어. 유럽 사람들에게는 이 평등이란 공통항은때로는 깜짝 놀랄만한 것이지."

"충분히 놀랄 일이지요."

내가 맞장구를 쳤다.

"독일 학생들이 이런 노래를 입에 담는다는 것은 상상도 할 수 없지요. '좋은 학생은 모두 수학 공부를/알비Albie 아인슈타인이 스승이다./그러나 그는 잠시도 쉴 줄 모르네./신이여 모쪼록 그를 이발소에 보내 주세요.'"

아인슈타인이 빙긋 웃자 나는 물었다.

"이스라엘과 미국, 둘 중에 어디에 살고 싶습니까?"

"개척자가 되기에는 너무 늙었지."

아인슈타인이 대답했다.

"그러나 선생님은 적어도 느낌상으로는 시오니스트Zionist이지요."

"그렇지만 좁은 의미의 민족주의자는 아니지. 학대받은 이들에게 안식처나 혹은 정신적 지주를 주기 위해서 성지聖地가 재건되면 좋지. 이 세계가 우리들의 예언자들에 의해서 시작된 것을 생각하면 말이지."

아인슈타인은 유대인들이 팔레스타인이 아닌 우간다를 조국으로 선택하는 것이 옳았을지도 모른다[5]고 말했다.

"물론, 이상적이라고는 말할 수 없지만, 적어도 자리잡을 수 있었을 것이네. 그 선택은 성서에 근거해서 결정한 것으로 여기지만, 그러한 국수주의적인 생각에는 반대하네. 그런 생각은 황제와 히틀러로 벌써 진절머리가 나기 때문이지."

"유대인 문제는 어떻게 하면 해결될 것 같습니까?"

내가 질문하자 제임스 목사가 즉각 대답했다.

"인류가 새로 태어나는 일이네요. 그 길밖에 없지요."

아인슈타인은 미소를 띠었다.

"태어나거나 새로 태어나거나, 유대인 문제는 시오니즘에 따라서 해결될 거라고 보네. 단, 시오니즘은 정치적 실체라기보다는 문화적 실체로서 의미가 있다고 생각하네."

"그렇지만, 그 문화는 국가가 있고 나서의 문제입니까?"

내가 물었다.

"불행하게도 히틀러가 그렇게 만들어 버리고 말았지."

"성서聖書에는 유대인이 돌아온다고 예언되어 있습니다."

제임스 목사는 말했다. 아인슈타인은 미소를 지었고, 나도 물론 그랬다. 제임스 목사는 말을 덧붙였다.

"유대에는 탁월한 예언자들이 있었습니다. 히틀러까지도 예언하고 있었지요."

"유대인들의 존속은 중요한 것입니까?"

---

5) 우간다 계획: 20세기 초에 시오니즘운동 가운데서 유대인 입식지(入植地) 후보로서 우간다 안과 팔레스타인 안이 로스차일드(Rothschild )까지 포함해서 격돌한 시기가 있었다.

금발이면서 튼튼한 체격을 가진 허버트가 물었다.

"그렇지."

아인슈타인이 말했다.

"유대교는 신조라고 하기보다, 오히려 생명의 존엄성을 위한 윤리규범이기 때문이야. 라테나우가 '유대인들이 취미로 사냥을 했다고 한다면, 그것은 거짓말을 하고 있다.' 라고 말한 적이 있어. 생명의 존엄성이 유대인들에게 배어 있기 때문에 굶주림에 시달렸을 때만 사냥을 한다는 뜻이지."

"우리들은 세속에 구애받지 않으면 안 되는 것은 아닙니다."

제임스 목사는 말했다.

아인슈타인은 몸을 일으켰다.

"그러나 나는 이 세상에 관심이 있네. 스피노자가 믿었던 신은 나의 신이기도 해. 우주를 지배하는 조화된 법칙 가운데서 나는 매일 그와 만난다네. 나의 종교는 우주적인 것이고 나의 신 또한, 넓고 커서 끝이 없기 때문에, 인간 한 사람 한 사람의 사혹思惑에 관심을 갖지는 않는다네. 나는 공포심에 근거한 종교는 인정하지 않네. 나의 신은 필요에 쫓기는 행위의 책임을 문책하는 일이 없을 것이기 때문이지. 나의 신은 그 법칙을 통해서 말한다네. 우리들은 내세의 상벌을 겁내거나 기대하기 때문이 아니고, 선행善行을 위한 선善을 행해야 하지 않을까."

"여기에는 신을 두려워하라고 적혀 있는데요."

성서를 펼치면서 제임스 목사가 말했다.

아인슈타인은 비웃는 것 같은 눈빛으로 나를 보았다. 나는 기록할 용지를 뜯다가 떨어트렸다. 목사가 그것을 주워 올려주고 있는 사이에 나는 당돌하게 말했다.

"생명의 존엄이라 하는 것은 굉장한 말이네요. 동 러시아인의 숲의 조각상에 금문자로 새겨진 문구를 생각나게 합니다."

독일 황제 빌헬름 2세 폐하, 4만 마리째의 포획물인 금계金鷄를 이 땅에서 쏴 잡았다.

"궁정宮廷에는 생명의 존엄성이 없었던 것이지요."
허버트가 말했다.
"불가사의한 것은 히틀러가 전쟁에 질 것을 알고 있었던 독일군 지도자들이 어찌됐든 전쟁을 계속했던 일입니다. 생명의 존엄성을 문제 삼지 않았던 것이죠."
제임스 목사가 찾고 있던 성서의 한 구절을 찾아, 아주 진지한 얼굴로 아인슈타인 쪽을 향해서 그것을 읽었다.

그러나 너희가 열방에 흩어질 때에 내가 너희 중에서 칼을 피하여 이방 중에 남아 있는 자가 있게 할 것이라.[6]

"오늘날의 유대인들은 신의 아들 어린 양의 혼례의 연회宴會에 초대받는 축복된 사람들이기 때문에 세계최종전쟁Armageddon[7]을 모면할 수 있어요."
그는 확언을 했다.

---

6) 너희가 열방에 흩어질 때에……있게 할 것이라: 에스겔서 6장 8절.
7) 아마겟돈(Armageddon): ① 성서에 나오는 신의 힘과 악마의 힘의 최후의 결전장. ② 전용해서 오늘날의 세계 종말의 핵전쟁을 말함.

아인슈타인은 참을성 있게 듣고 있었으나, 약간 비꼬아서 이렇게 말했다.

"자네가 귀의歸依시키고자 하는 신은 항상 옳고, 원래부터 믿고 있던 신은 항상 나쁘다고 하는 것은 아무래도 납득할 수 없네. 유대인의 신은 기독교도의 눈으로 보면 무자비한 신이고, 기독교도의 신은 사랑의 신이라고 하지. 기독교도 신의 어명으로 엄청나게 많은 피를 흘렸다고 하는데도. 그 신자들에게 '어째서 나의 교회는 몇 세기나 유대인들을 못살게 대해왔는가?'라고 스스로의 가슴에 손을 얹고 물어보게나. 그렇게 하면 그들은 먼저 스스로 개종하고, 종교와 역사의 기록들을 고쳐 쓰지 않을 수 없게 될 것이네."

나는 말했다.

"그렇게 말씀하시니까, 유대인들에 대한 증오를 격화激化시킨 루터도 절름발이가 될 때까지 몰아 붙여서 그 다음에는 욕을 하고 매도한 것을 인정한 사실이 떠오르네요."

"나도 부끄러운 일로 여깁니다."

제임스 목사가 대답했다.

"아인슈타인 선생님, 우리들은 지금을 기독교인 세계라고 부르고 있는데요, 점점 기독교인 정신에서 멀어져 가고 있다고 하지 않을 수 없습니다. 어째서일까요? 그것은 사람들이 깨끗함보다 죄를 사랑하게끔 되어버렸기 때문입니다. '내가 준 물을 마시는 자는 결코 목마르지 않으리라.'[8] 라고 한, 지금껏 진리를 칭송한 말을 세계 사람들이 잊어 버리고 있는 것입니다."

---

8) 「요한복음」 4장 14절.

아인슈타인은 말했다.

"나 자신은 종교적인 사람으로서, 유대인이나 기독교인이나 윤리 없이는 세계는 존속되지 못할 것으로 생각하네. 최고 권위자들의 주장을 받아들이는 데는 아주 신중하지만. 인간의 내면에는 자기라고 하는 존재를 알고자 하는 불가사의한 추진력이 존재하지. 그 때문에 어떻게 하면 좋을까? 갈릴레이는 관측된 사실들을 서로 연관 짓는 사고방법思考方法을 창시해 길을 보여 주었어. 인간의 존엄은 교회에 소속되는 것이 아니고, 주의 깊은 탐구심과 자신의 지혜에 대한 신뢰 및 사물에 대한 판단, 특히 창조의 법칙에 대한 존경에 의한 것이라 보네."

"예수는 정신적 가치를 더해 줌으로써 인간의 존엄을 높였습니다."

제임스 목사는 강조했다.

"모세, 이사야, 예레미야, 그리고 부처도 그렇지."

아인슈타인은 그 말을 받아 말했다.

"그리스도는 신의 현현顯現이었습니다."

제임스 목사가 말했다.

아인슈타인은 의자의 등받이에 기대었다.

"학교에서는 모든 사람은 신의 모습에 닮게 창조되었다고 교육을 받았지."

"그렇지만 도움은 되지 않았습니다."

제임스 목사는 주장하였다.

"인류를 구원하는 것은 그리스도의 피인 것입니다."

아인슈타인은 어깨를 으쓱했다.

"내가 믿는 것은 단 하나, 다른 이를 위해서 사는 인생만이 삶을 영위할 가치가 있다는 것이네."

# 히틀러의 반유대주의anti-Semitism

대화 전체의 진행이 대단히 빨랐기 때문에, 나는 중요한 말들을 듣고 빠트리지 않으려고 숨을 내쉴 수도 없었다. 아인슈타인은 꽤 큰 의자를 흔들고 있었으므로, 책상을 꼭 잡고 있지 않았더라면 한번 뿐만이 아니고 틀림없이 뒤집혀졌을 것이다. 그는 빈 포대처럼 볼품은 없었지만, 한편 몇 피트 떨어져 온몸을 검은 정장으로 두르고, 똑바로 등줄기를 편 종교적 정열에 불타는 제임스 목사가, 이 조용한 과학자를 향해 구제의 전언을 보내고 있었다. 에드거와 허버트는 긴 의자의 끝 쪽에 긴장된 자세로 앉아 있었다.

폭풍을 피하려고 내가 비집고 들어갔다.

"아인슈타인 박사님은 절대적 진실이라고 알려져 온 개념이 한정된 유효성만을 갖게 될지도 모른다고 말씀하고 계셨습니다. 그것을 듣고 예수가 율법박사(Rabbi : 유대교의 지도자) 이상의 호칭을 요구하지 않았다고 프로테스탄트 신학자의 일부가 주장하고 있었던 사실을 생각해 냈습니다. 그러나 예수가 죽은 후, 새로운 종교의 창설자들이 로마황제Caesar의 특권이었던 '신의 아들', 그리고 그리스 국왕의 특권이었던 '구세주Savior' 라고 하는 호칭을 그에게 붙였던 것입니다."

"유대인들은 최초의 계율에 진지하게 따르지."

아인슈타인이 말했다.

"유대인은 예수를 '랍비' 라 부르고, 또 한 사람의 예언자로 보고 있었던 이도 있었지요."

나는 다시 말을 이었다.

"그와 동시에 로마인들을 쫓아내는데 도움을 줄 것이라 생각해서, 해방하는 자Messiah라는 칭호도 부여했을지도 모릅니다."

"신화와 전설이 많아지는 것은 당연하지. 틀렸나?"

그는 나를 한번 힐끗 보고 껄껄 웃었다.

"내가 죽은 뒤 틀림없이 많은 것들이 날조될 거야. 적어도 나는 그러기에 좋은 대상이거든."

제임스 목사는 성서를 두들기며 말했다.

"이것은 신화가 아닙니다! 여기에는 유대인들이 조국에 돌아오는 시기가 예언되어 있어요. 그 성취는 가깝습니다."

"아아, 그러네."

아인슈타인은 미소지으며 말했다.

"신문에 따르면, 신자들이 가재도구 일체를 팔아 버린 종파가 있는데, 그들은 세상의 종말을 미리 알고 있고, 나체 상태로 곧 바로 천국으로 직행한다고 하는 것 같더군."

그는 진지한 일굴이 되었다.

"그 중에는 그 사실을 잊으려는 이들도 있지만, 칭호는 어떻든 예수는 일생을 유대인으로서 마감했지. 복음서福音書 이야기의 반 정도는 나중에 첨부한 것이고, 게다가 꽤 많은 부분은 말로 전해들은 구전口傳 형식으로 받아 이어져 온 것이지."

"그러나 구약성서처럼 신약성서도 영감靈感에 의해 쓰여진 것입니다."

제임스 목사는 이의를 제기했다.

"저희 교회에서는 예수는 유대인이라고 가르치고 있어요. 아주 특별한 유대인이기는 했었지만. 제게는 자그마한 두 아이가 있는데, 처와 저는 예수가 유대인의 집에서 태어났다고 솔직하게 말해 주고 있습니다. 그리고 기회가 있을 때마다, 유대인들의 신비에 대해서, 그 수난의 신비와 과거부터 미래영겁未來永劫에 걸쳐 선택된 민족이라는 것을 지적하고 있습니다. 또 유대인들도 그들의 메시아로서 예수가 재림한다고, 그에 관한 것을 인정하리라 믿고 있습니다."

"그렇다네."

아인슈타인은 감개무량하게 말했다.

"대단한 무신론자였던 프리드리히 대왕도, 이 수난의 신비에 대해서 알고 있었던 것이 틀림없어. 왕은 유대인들이 갖은 박해에도 불구하고 살아남아 있는 점을 지적했지. 한편, 메시아 건은 완전한 억측이라서 논의할 가치도 없는 일이네."

아인슈타인의 기분이 좋은 것을 보고, 나는 그와 목사의 그 어느 쪽 편도 들지 않는다는 것을 알리고 싶어졌다.

"교회가 박해의 중심이었던 사실은 부정할 수 없습니다. 중세에 교회는 노란색 별과 게토ghetto 제도를 제정해 유대인들을 도시로 몰아넣었기 때문에, 그들은 그곳에서 돈 놀이를 해서 생계를 이어 나갈 수밖에 없었던 것입니다."

"그것은 로마 법왕popes이 한 일입니다."

제임스 목사가 반론했다.

"저는 신교도이므로 우리들은 인간의 짓이 아니고 신의 일을 하지 않으면 안 된다는 것밖에 염두에 없습니다."

그리고 아인슈타인 쪽을 향해서 말했다.

"성령聖靈이 신의 일을 어떻게 할 것인가를 가르쳐 주시는 것입니다."

아인슈타인은 손을 불끈 쥐고 몸을 내어 밀었다.

"양심이 무엇을 해야만 할 것인가를 알려 주는 것이란 뜻이라면, 그렇다고 여기지."

그리고 잠시 시간을 두고 나서 말을 계속했다.

"그러나 양심은 조종당할 수 있음이 확실해. '하이 히틀러'라고 외친 독일의 대다수는 교회에 열심히 다니는 사람들이었어. 지성이 세상을 구해냈다고 하는 선례가 없다는 점에서는 자네와 같은 의견일세. 세상을 좋게 하고 싶다면 과학적 지식이 아니고, 이상理想을 내걸고 행동할 필요가 있지. 공자·부처·예수 그리고 간디는 인류를 위해서 과학이 이룬 이상의 공헌을 했어. 우리들은 인간의 마음, 즉 인간의 양심에서 출발해야만 된다네. 그리고 양심의 가치는 인류에 대한 무사無私의 봉사에 의해서만이 드러나 보이지. 이 점에 대해서는 교회에 많은 죄가 있다고 보네. 교회는 항상 지배자와 정치권력을 가진 편에 붙어서, 총체적으로 여러 차례나 평화와 인류를 희생시켜 왔지."

"말씀하신 그대로입니다."

내가 말했다.

"산 조San Jose에 있는 가톨릭의 높은 성직자로부터 최근에 들은 이야기인데, 로마에 있는 고위의 성직자가 피우스 12세에게, 중국의 기아飢餓 문제에 대해서 원조할 것을 제안했더니, '4억 가톨릭 교도의 일을 생각하는 것이 선결문제다.' 라고 대답했다고 합니다."

아인슈타인은 고개를 흔들었다.

"인류는 하나이고, 나눌 수 없다고 하는데."

나는 말했다.

"일찍이 1933년 4월 1일에, 성직자의 반대를 전혀 듣지 않고, 히틀러가 감히 유대인들을 보이콧할 수 있었던 것이, 어째서일까라고 저는 자주 생각합니다. 그는 '오늘 나는 전능하신 조물주의 뜻에 따라서 행동한다. 유대인들과 싸우는 일은 신을 위한 성전聖戰이다.' 라고 선언한 것입니다."

제임스 목사가 무뚝뚝하게 말했다.

"물론 그 신은 가톨릭의 신이지 예수 그리스도의 신은 아닙니다."

아인슈타인은 말을 덧붙였다.

"교회가 얼마나 죄를 많이 지었는지, 로마의 이단異端 철학자인 세네카[9]가 지적하고 있지. 그는 '제지할 수 있을 때 죄악을 방지하지 않은 자는 그 죄를 장려하고 있는 것과 같다.' 라고 말하고 있네."

나는 말했다.

"인권연맹에서 힌덴부르크가 히틀러의 반유대주의에, 특히 '반유대주의' 가 유대인 퇴역군인들에게 돌려졌을 때 항의했다고 들었습니다. 그는 히틀러에게 보낸 편지에서 '유대인들이 독일을 위해 싸워서 피를 흘릴 만

---

9) 세네카(Lucius Annaeus Seneca): 기원전 4년경~기원후 65, 스페인에서 태어난 로마 철학자. 네로 황제의 스승. 집정관이 되었지만 모반했다는 의혹으로 자결하도록 명을 받았다. 명문가로 알려졌고, 스토아 철학에 의한 처세술을 설파함.

큼의 가치가 있다면, 전문적 직업을 통해서 나라에 봉사를 계속할 가치도 있다.' 라고 적고 있습니다. 인권연맹은 이탈리아에도 비밀 통로가 있었는데, 그 유명한 무솔리니까지도 히틀러의 가혹한 유대인의 공격에 이의를 제기한 것을 알았습니다."

"어찌됐든, 히틀러의 가톨릭신은 정교조약政敎條約에 의해서 그를 보호했던 것입니다. 게다가 로마가 1942년 이전부터 이미 강제수용소의 사실을 알고 있었던 것은 확실합니다."

제임스 목사의 말이 끝나기가 무섭게 아인슈타인은 중얼대었다.

"성령聖靈은 무엇을 하고 있었지?"

"아인슈타인 선생님, 저는 자신도 죄인이라고 기도하고 있는 것은 사실입니다. 그러나 저는 전도사입니다. 그러기에 죄가 깊은 사람들의 영혼을 구제救濟하도록 신에게 바라고 있습니다. 우리에게는 말세가 코앞에 다가오고 있습니다."

그는 또 성서를 펼쳤다.

이 젊은 목사의 기품 있는 태도와 결의가 굳건함에 감탄하지 않을 수 없었다. 그는 야곱의 혼과 격투를 벌인 천사처럼 아인슈타인의 혼과 격투를 벌이고 싶었던 것이다. 나는 말머리를 돌렸다.

"종교와 과학은 서로 받아들일 수 없을까요? 종교는 신앙에, 과학은 증거에 근거하고 있습니다만."

"종교와 과학은 조화를 이루는 것이네."

아인슈타인은 말했다.

"전에도 말했다시피, 종교가 빠진 과학, 과학이 빠진 종교, 그 모두 다 갖추지 못한 것이지. 양자는 서로 의존하고 있고, 진리의 추구라는 공통 목표를 갖고 있네. 그러기에 종교가 갈릴레이라든지 다윈 등과 같은 과학자들을 배척했던 것은 이상한 일이지."

아인슈타인은 빙긋 웃었다.

"과학자들이 신은 존재하지 않는다고 말하는 것도 역시 이상하지. 제대로 된 과학자들은 신앙을 갖고 있기 때문이네."

여기서 그는 제임스 목사 쪽을 보았다.

"그 뜻은 교의敎義를 받아들이지 않으면 안 된다고 하는 뜻은 아니지. 종교가 없으면 박애정신도 없어. 한 사람 한 사람에게 주어진 영혼은 우주를 움직이고 있는 것과 똑같은 살아 있는 정신에 의해서 움직이고 있지."

제임스 목사가 말했다.

"아아, 영혼에 대한 것이네요. 그렇다고 하면 죽은 뒤의 삶을 믿고 있네요."

"내가 믿고 있는 것은."

아인슈타인은 말했다.

"사랑하고 봉사한다고 하는 이 세상에서의 의무를 다하는 한, 죽은 뒤의 일을 걱정할 필요가 없다는 말이지."

"선생님이 유대인이라는 것을 자랑스럽게 여기는 것은 당연하지요."

제임스 목사는 말했다.

"유대인이 성서를 이 세상에 가져왔기 때문에요. 단지 하나 아쉬운 것은 예수가 그리스도인 것을 증명하고 있는 신약성서에 눈을 돌리지 않는 것입니다. 유대인은 기적에 관심이 없는 것이지요."

"오해하지 말게. 나는 태어나서부터 지금까지 내내 불가사의하게 여기고 있었으니까."

아인슈타인이 반론했다.

"나는 열두 살에 빨리도 유클리드 기하학에 경탄驚歎했다네. 물론, 기적이나 신의 술수로 여겼던 것은, 경험을 보완하는 논리사고論理思考에 지나지 않았어. 그러나 지금까지도 불가사의한 일들이 매일 연속되고 있어. 그리고 나를 불가사의하게 느끼게 하는 것은 창조 법리法理에 대한 신앙이지."

나는 물었다.

"아인슈타인 선생님, 신앙은 불가사의하다고 여겨지지 않습니까? 신앙은 논리로는 이해할 수 없지만, 논리로 되돌아오는 일은 없습니다."

"감각적 경험에서 동떨어진 형이상학적 추측에는 흥미가 없네."

아인슈타인은 말했다. 그는 한숨을 쉬고, 우리들 한 사람 한 사람을 주의 깊게 돌아본 뒤에, 자기가 신고 있는 샌들에 눈을 돌려서 발가락을 내려다보았다.

"내세를 믿지 않는 것입니까?"

제임스 목사가 물었다.

"그렇다네. 내가 믿는 것은 우주에 관한 것이네. 합리적이기 때문이지. 어떤 일에도 그 밑바닥엔 법칙이 깔려 있어. 거기에 이 세상에 대한 나의 목적도 믿고 있지. 나의 양심의 표현인 직관直觀은 믿지만, 천국이나 지옥에 대해서 이러니저러니 하는 것은 믿지 않는다네. 지금 이 장소, 이 순간에 관심이 있을 뿐이지."

# 우주적 종교의 확립을 위해서

한 기억이 마음속에 떠올랐다. 이 추억은 모두에게 알리고 싶었다.

"아인슈타인 선생님, 인생이란 불가사의한 것이라고 항상 말씀하셨지요. 실제로 거울로 보는 자기보다도 불가사의한 무엇인가가 있다고 하는 체험을 한 것입니다. 그의 딸과 테레지엔슈타트Theresienstadt의 강제수용소에 연행된 나의 누이인 그레텔에 대해서 완전히 절망하고 있던 시기가 있었습니다. 육친肉親을 포함해서 많은 사람들은 그곳은 적십자가 관리하는 모범수용소라고 생각하고 있었습니다. 그러나 나는 그것은 나치의 선전에 의한 위장이라고 생각했어요."

아인슈타인이 말을 거들었다.

"자네 친척들은 지성知性으로 생각했는데 자네는 감각을 사용하였군. 느낌대로 하면 절대로 틀리지 않는다네."

그리고 제임스 목사 쪽을 향해서 말했다.

"감동이 아니고 느낌, 직관直觀은 같은 것이지."

"바로 그렇습니다."

내가 덧붙였다.

"어느 날 밤, 그레텔의 운명에 대해서 절망한 나머지 이렇게 기도했습니다. '신이여, 당신은 Verdun의 싸움터에서 소원을 들어주셔서 나를 살려 주셨습니다. 그레텔을 살려 주실 수 없으신지요?' 그러다가 잠이 든 것이 틀림없어요. 우연히 정신을 차려보니, 저는 나의 몸을 떠나 하늘을 날아, 어느 수용소 앞에 내린 것입니다. 가시 달린 철조망을 빠져나가 한 허름한 건물에 들어가서 자리에 서 있는 한 여인 앞에 섰습니다. 그의 머리칼은 회색빛이 들기 시작했고 여위었으며, 얼굴을 치켜들었을 때 커다란 검은 눈동자가 옛날 그대로였습니다 그녀는 말했습니다. '나는 사라입니다.' '그레텔'이라고, 나는 소리질렀습니다. '오오, 신이여. 딸은 어디에 있는지?' 그녀는 자그마한 그림자를 가리켰습니다. 벽이 우묵한 곳에 우르슐라Ursula가 옆으로 누워 있었지요. 나는 머리 위에 손을 얹어 '신이여!'라고 중얼거렸습니다. 여기서 눈을 떴습니다만, 그것은 뉴 로쉘에 나의 누이인 힐다를 방문하고 있었을 때의 일입니다. 최근 아우슈비츠에 있었던 부인을 만났습니다. 제가 본 꿈을 이야기했더니 그녀는 이렇게 말했습니다. '그것은 바로 아우슈비츠 그대로인데요. 우리 여자는 사라Sarah, 남자는 이삭Isaac이라는 이름만이 허용되고, 다른 세례명은 순수혈통 아리아인을 위해서 예치되었지요. 누군가가 찾아와서 듣기 전에 이름을 말하지 않으면 안 되었습니다. 당신의 누이는 당신을 경비병의 한 사람인 줄 알았던 거죠.' 나는 그 체험을 바탕으로 해서 시를 썼습니다. 읽어 보겠습니다."

〈그레텔〉

나는 위로하려고 찾아왔다.
별들이 너의 어려움을 알려 주어,
나에게 날개를 달아 주었다.
밤을 새워 여기까지 날아오기 위해서.

이리와, 그리고 나에게 얼굴을 비벼
둘의 눈물이 같이 흐른다.
오오, 죽음의 고독이여
 그 그림자의 길고 깊이여.

이리와, 그리고 나의 팔을 잡으라.
나의 마음은 너의 심장을 느낀다.
약해져 가는 고동이
멈출 때까지.

나의 영혼을 너에게 주러 가자
흙침대 속에 까지도.
너는 다시 살아나고
내가 대신 누울게.


아인슈타인은 나를 보고 안경을 벗고 깊이 감동해서 말했다.
"나는 가족의 거의 모두를 잃었다네."
침묵이 흐른 다음 제임스 목사가 말했다.

"신은 있습니다. 거의 대부분의 사람들은 눈에 보이지 않는 무엇이 있는 것을 잊고 있는 것입니다."

"생명의 존엄성에 또 트집을 잡는 일인데요."

허버트가 말했다.

"전쟁 중에 저는 알라스카에서 중위로 근무하고 있었습니다. 우리들은 허스키 개를 돌보는 교육을 받았어요. 버릇이 나쁜 놈이었지만, 아주 잘 다루었습니다. 우리들은 한 팀처럼 느꼈던 것입니다. 그러나 독일의 장군들은 부하나 국민에 대해 그다지 관심을 갖지 않았어요. 뉘른베르크 군사재판에서 폰 블룸베르크von Blomberg 원수는 사관들의 유일한 관심사는 승진과 훈장이라고 말한 것으로 전해져 있습니다."

역시 원래 병사였던 에드거는 목사에게 말했다.

"장군들은 히틀러의 승리를 항상 기대하고 있었고, 그 때문에 폴란드의 학살과 강제수용소에 대해서 눈을 감고 있었다고 책에 적혀 있었습니다. 그들은 인간 앞에서가 아니고, 역사 앞에 화려하게 등장하고 싶었던 것입니다. 틀림없이 기독교인이었다고 여겨지는데요."

내가 말을 덧붙였다.

"그렇지. 그리고 프리드리히 대왕의 친구이면서 독립전쟁에 공헌한 폰 프뢰벤von Froeben 장군의 일을 알고 있나? 처에게 보낸 편지 가운데서, 그는 미국인 병사는 전쟁의 목적을 알려 주지 않으면 싸우지 않는 일에 놀라고 있어. 이 일은 200년이나 지난 옛날 이야기지."

"간디는 유럽 문화를 두루 살펴보고 나서, 이렇게 총괄하고 있습니다. '그리스도는 좋다. 그러나 기독교인들의 행동을 보면 기독교는 나쁘다' 라고. 아인슈타인 선생님과 저는 1930년에 갈색 양복 차림의 젊은이들이, 이러한 노래를 부르면서 거리를 행진하는 것을 보았습니다. '우리들이 칼로써 유대인들의 피를 내뿜게 하면, 세계는 훨씬 더 좋아진다.' 이런 젊은이들도 일요일엔 교회에 가서 예배를 드리고 있었습니다. 브레슬라우 Breslau에 있던 버트람Bertram 추기경이 피우스 12세와 대화하는 가운데서, 이렇게 말했다는 것을 읽었습니다. '나는 젊은이들이 일요일에 교회에 와서 성찬을 받는 한, 히틀러 청소년운동Youth Movement에 들어가서 나치의 집회에 나가는 것을 허가했다. 제단의 성서 옆에 히틀러의《나의 투쟁》이란 책을 두고 있는 프로테스탄트 목사도 있다.' 라고."

"나치 시대에 독일에서는 종교가 오점을 남긴 것은 확실합니다."

제임스 목사가 말했다.

"그러기에 우주적 종교를 내세워야만 합니다."

내가 말했다.

"우주적인 인간을 만들어 '내가 참 진리' 라고 하는 종교 간의 시샘을 이로써 끝나게 하기 위해서입니다. 나는 유대교의 교회당synagogue을 위시해서 모든 종파들의 교회에 나갔습니다. 나는 퀘이커 교도, 스베덴보리파, 요가 행자, 그리고 기독교인 과학자이고, 훌륭한 치유를 체험하게 해준 메리 베이커 에디Mary Baker Eddy의 저서에 감사하고 있는 것입니다."

"신의 은총 덕택이네요."

목사가 덧붙였다.

"물론 그렇습니다. 예수와 성모 마리아도 사랑하고 있습니다. 아인슈타인 선생님께 나와 예수 그리고 마리아는 거슬러 올라가면 다윗왕가의 혈통으로 이어지는 것입니다. 내가 죽을 때는 예배할 때 유대 사람이 모세와 이사야 그리고 예수가 입었던 것과 똑같은 프란시스칸Franciscan의 예복에 휩싸일 것이라 여기고 있습니다."

아인슈타인은 소리를 억누르며 웃었다.

"저런, 그럼 자네는 프란시스 회원이 되었나? 전에 만났을 때 그렇게 되고 싶다고 했지."

"정식 회원은 아닙니다. 무엇보다도 먼저 가톨릭으로 개종하지 않으면 안 된다고 하기에요. 이전의 전쟁에서 교회의 역할을 어렵게 여기고 있었지만, 그래도 기분은 프란시스칸 예복을 망설이고 있습니다."

아인슈타인은 고개를 끄덕였다.

"그래, 자네도 프란시스칸처럼 '당신의 평안을 위해서 나를 써 주세요.'라고 말할 수 있군."

"선생님, 선생님이 어딘가의 종파에 속한다면 '프란시스칸 회원인 유대인'이 되겠지요. 우주적 종교를 위해서 종파의 울타리를 걷어내어 온 제게는 그렇게 여겨집니다. 선생님을 만나려고 처음 프린스턴에 왔을 때, 맞아 주신 소장이신 프랑크 아델로트Frank Aydelotte 박사는 이런 이야기를 해 주셨습니다. 선생님은 봉급이 얼마나 필요하냐고 질문을 받고 '연봉 3천 불, 그 이하라도 살아나갈 수 있는지?'라고 대답했다고 하지 않습니까. Brother Albert Assisi에서 충분히 수도원 생활을 하면서 근무할 수 있어요."

모두가 웃었다. 나는 말을 계속했다.

"이전에 철학과 과학의 융합에 대해서 말씀하셨지요?"

"그렇지."

아인슈타인은 고개를 끄덕였다.

"과학에 기초를 두지 않는 철학은 무의미해. 과학이 발견하고, 철학이 그것을 해석하지."

제임스 목사의 불굴의 열정이 다시 터져 나올 것만 같아서 나는 당황

해서 말했다.

"아인슈타인 선생님은 쇼펜하우어의 '사람은 바라는 바의 일을 할 수 있는데, 무엇을 바랄 것인가는 뜻대로 안 된다.' 라고 한 말이 가장 뜻깊은 말이라고 하셨습니다. 그렇다면 결정론을 믿는다고 하는 것입니다. 이것은 독일이 스스로의 죄에 대한 책임을 질 수 없다고 하는 것을 의미하는 것입니까? 그리고 선생님이 귀의하시는 스피노자는 '하늘에 던져진 돌은 그것을 던진 손에 대한 것을 잊어 버린다면, 자신은 자유롭다고 여길 것이다.' 라고 말하고 있었습니다."

아인슈타인은 대답했다.

"우리들은 늘 느끼지 못하는, 내 안의 힘에 의해서 움직여지고 있네. 그래서 자유의지에 대해서 무엇이니 하는 것은 망설인다네."

"정치적 구호에 영향을 받기 쉽고, 일반 시민들의 잠재의식 하의 바람에 의해서 배양된 국가의식이란 것이 있는 것 같은데요. 히틀러가 깨달은 것처럼 '우리들 독일 사람들은 피로서 생각' 하는 것입니다."

"그렇고말고."

아인슈타인이 말했다.

"독일 사람들은 자유의지를 갖고 있지 않았어. 교육과 환경, 게다가 군대적인 사고思考에 지배되고 있었기 때문에. 그러나 전쟁에 진 순간, 그 전통은 아마도 사라져 버리고 새로이 자유의지가 자라기 시작했지. 그래서 그들은 그것을 어떻게 썼는가 하면, 히틀러를 선택했던 거야. 슬슬 유대인들에게 세 가지의 빚이 있는 것을 공부할 때이군. 즉, 도덕률과 그리스 논리학, 게다가 그들 자신의 세련된 언어이지. 성서가 없었다면 루터도 없었을 것이네. 독일 사람들은 참다운 종교 감각을 길러낸 적이 없지 않은가라고 생각하네. 그들은 강대한 권력자를 낳았지만 도의적 책임은 길러내지 않았어.”

“종교적 감각이란 무엇을 말씀하시는 것입니까?”

내가 물었다.

“독일 사람들에게는 ‘자신을 사랑하는 것처럼 이웃을 사랑하라’[10]라고 하는 것이 너무 관대하다고 여겨졌는지, 그렇지 않으면 모세가 말한 것이 마음에 거슬렸을지도 모르지.”

그는 엄숙하게 말을 덧붙였다.

“독일 사람들에게는 안절부절못하게 느껴지지. 정의의 기본이란 것을 모르고 있었지. 전통종교도 그렇다네. 그 오랜 역사는 ‘너희들은 죽이지 말지어다.’라고 하는 계율의 뜻을 이해하지 못하고 있었다는 것을 증명하고 있어. 이 세계를 상상도 할 수 없는 파멸로부터 구원하려고 여기면, 저 멀리 있는 신이 아니고, 한 사람 한 사람의 마음에 주의를 기울일 필요가 있지. 우리들은 지금 핵무기에 의한 제3차 세계대전의 갈림길이라고 하는, 국제적 무질서의 한가운데에 서 있네. 한 사람 한 사람에 양심을 의식시키지 않으면 안 된다네. 그렇게 하면 다음 전쟁에서는 아주 적은 몇몇 사람밖에 살아남을 수 없는 사실을 양심으로 깨닫고, 우주적 인간으로 변하게 될 거야.”

그는 제임스 목사를 향해서 미소지었다.

“그것이 신의 마음에 드는 것으로 생각되는데.”

나는 말에 끼어들었다.

“아인슈타인 박사님, 저는 산 조San Jose에서 교단에 선 이래, 우주적 인간의 개념을 받아들이려 해 왔습니다. 학생들의 반응은 눈부실 정도이

---

10) 자기 자신을 사랑하는 것처럼 이웃을 사랑하라: 「레위기」 19장 18절.

고, 교실은 터져 나갈듯이 되었는데 교수들 특히 우리 학부의 교수들로부터 엄청난 반발이 있었습니다."

아인슈타인은 싱긋 웃었다.

"평범한 사람들로 인해 사면초가四面楚歌에 휩쓸린 것이겠지. 나도 독일에서 그런 경험을 한 적이 있어. 그곳 교수들은 공포恐怖와 공허空虛한 학교의 권위를 가지고 일을 하고 있었지. 미국에서는 문제를 웃어넘길 정도의 분위기이야. 걱정하지 말고 지금까지 해 오던 것처럼 그들의 자기만족을 뒤흔들어 주게나. 자네는 Verdun의 전화戰火를 뚫고 살아 왔지 않나. 자네가 책임을 지고 있는 것은 학생들이지 교수들이 아니야. 좋은 교수는 책에 있는 지식에만 만족하지 않지. 살아 있는 정신에 만족해야지."

"그것이 신이지요."

목사가 끼어 들었다.

아인슈타인은 말을 계속했다.

"교수는 기본적인 목적과 평가를 명확히 하지 않으면 안 된다네. 그것을 최대의 의무로 알아차렸다면 마음 속으로 종교인이 되는 거지. 세계를 구원하고자 한다면, 강렬한 인격을 지닌 교육자가 필요하지. 학생들에게 필요한 것은 객관적 지식뿐만이 아니야. 인류에 대한 봉사가 목적이라는 것을 깨닫도록 젊은이들에게 책임감을 갖고 성장할 수 있도록 해 주기 바라고 싶네."

나는 말을 거들었다.

"바로 그렇습니다. 아인슈타인 선생님, 미국인이 좋아하는 세 가지, 돈과 먹거리, 그리고 법석대기에 봉사하기 위한 것이 아닌가요? 네!"

아인슈타인은 한참 동안 나를 뚫어지게 쳐다보다가 말을 했다.

"산 조에서 고통을 당한 것은 알고 있네. 그러나 자신의 사명에 등을 돌려서는 안 되네. 세상의 변혁을 도와야만 해. 그렇지 않으면 살기 어려운 세상이 되어 버리고 말 거야. 평범한 사람들과 타협해서는 안 된다네. 그들은 현상을 유지하기 위해서 탐욕과 야만성을 드러내기 때문이지."

말을 하고 있는 사이에, 목사는 성서를 들여다보고 있었다.

"아아, 여깁니다."

그는 성서를 들어 올리며 말했다.

"요셉이 '하나님이 생명을 구원하시려고 나를 당신들 앞서 보내셨나이다.'[11]라고 말하고, 자기를 노예로 팔아넘긴 형제를 용서하는 장면입니다. 헤르만 박사, 어째서 당신이 같은 학부의 교수들 사이에서 고뇌하지 않으면 안 되는지를 모르겠습니다만, 신께서 생각이 있으십니다. 히로시마의 사건이 양심에 무겁게 느껴질 것으로 여겨지겠지만, 당신도 아인슈타인 선생님도 아마도 요셉과 같은 생각이겠지요."

"그 일에 대해서는 벌써 몇 번이나 말했었지."

아인슈타인은 지긋지긋하다는 듯이 대답했다.

"비서인 뒤카Dukas 양이 산더미같이 많은 편지를 보여 줄 것이네. 실은 나는 원자폭탄의 연구개발에는 전혀 관여하지 않았어. 루스벨트 대통령 앞으로 보낸 편지[12]라고 하는 것은, 맨해튼 프로젝트에 대해서 과학자들과 워싱턴 간에 적절한 관계를 만들고 싶다고 희망하고 있었던 질라드Szilard 박사를 위한 소개장에 지나지 않는다네. 나는 단지 독일이 원자폭탄 제조에 착수했고, 실제로 체코슬로바키아의 우라늄 광산을 수중에 넣었다는 것을 듣고, 핵병기에 대한 방위문제를 말한 것뿐이었지. 히틀러가

---

11) 하나님이 생명을 구원하시려고 나를 당신들 앞서 보내셨나이다: 「창세기」 45장 5절.
12) 루스벨트 대통령 앞으로 보낸 편지: 원자폭탄 개발을 진언했다고 알려진 편지.

원자폭탄으로 런던을 파괴하기 전에, 미국이 원자폭탄 개발에 착수하는 것은 어쩔 수 없다고 여겼지. 독일에 미국의 힘을 보여 줄 필요가 있다고도 생각했어. 야만인에게 통하는 유일한 말이 완력이기 때문이기에. 나중에 원자폭탄이 이미 완성되어 일본에 투하할 계획이 수립되어 있는 사실을 알았을 때, 나는 있는 힘을 다해 트루먼 대통령의 계획을 말리려 했어. 세계가 지켜보는 가운데 무인도에 투하하는 것만으로, 일본은 물론 또 다른 어떤 나라라도 항복시키기에 충분했기 때문이지."

그는 말을 계속했다.

"제임스 목사, 아인슈타인도 성서를 읽었고 '목숨을 구하기 위해서 신이 나를 당신들보다 먼저 보냈다.' 라고 하는 말을 마음속에서 믿고 있다고 교회에서 설교해도 좋네."

"아인슈타인 선생님, 선생님은 절대 평화주의에서 현실적 평화주의로 전향하신 때에 그렇게 생각했을 것입니다."

"바로 그렇다네!"

아인슈타인은 힘주어 동의했다.

"세계가 유럽을 묘지로 만들려고 한, 미치광이 독재자의 손에 들어가는 것을 허가했더라면, 나는 자기의 양심에 대한 배신자가 되어 있었을 것이야. 나는 독일 군화가 유린한 국가들의 비애를 보았어. 젊은이들이 국가의 이름으로 나쁜 짓들을 자행하고, 나와 나의 가족, 그리고 죄도 없는 사람들을 공격하도록 교육받고 있었을 때, 평화주의의 선전 같은 것이나 하고 있었다면 나는 비겁한 놈이 되었을 것이야."

조금 생각하고 난 뒤에 아인슈타인은 말했다.

"지금 우리들은 원자폭탄을 갖고 있네. 그 비밀은 세계 속의 정부들에 보여 주어야만 하고, 미국은 즉시 그렇게 할 의사가 있음을 밝혀야만 된다고 강하게 확신하고 있어. 지금이야말로 세계의 3대 군사대국인 소비에트연방과 대영제국, 그리고 미국은 하루빨리 세계 정부의 초안을 만드는 데 전력을 쏟아 부어야 되네. 그것이 소수의 사람이 다수의 힘과 공포로 지배하고 있는 나라에 간섭하는 유일한 방법이야. 민중의 피로 쓰인 국가와 국민의 역사를 새로 적지 않으면 안 된다네. 국가는 군사력의 강화에 의해서 안전을 확보할 것이 아니라, 민주주의 원리를 엄수해 세계 정부의 창설을 지지해야만 된다네. 그렇게 하면 최후에는 평화와 역사의 새로운 시대가 오게 될 거야."

"아인슈타인 선생님, 미국과 소비에트연방이 협력한다고 하는 선생님의 생각에 대해 엄청난 논의가 있었어요. 제임스 목사와 만났던 캠프에서 선생님은 공산주의자가 아닌가 하고 학생들로부터 질문을 받았어요."

"그 문제에 대해서는 작년 2월에 발행된 《Bulletin of the Atomic Science》에 게재한 '러시아의 아카데미 회원들에게 보낸 나의 회답'을 보면 충분할 거네. 계획경제는 필요하다고 여기지만, 그것이 교조적이 되어 버려서는 안 되지. 자본주의가 모든 악의 근원이 아니고, 인간 자신이 그렇지. 사람의 마음을 바꾸지 않으면 안 되네."

"사람의 마음을 바꾼다고 하는 점에서는 선생님의 정신적 협력자였던 엘자가 세상을 떠났습니다."

아인슈타인은 놀란 나머지 입을 다물지 못했다.

"포로의 천사가 말인가?"

"그렇습니다. 금년 3월 4일의 일이었습니다. 그녀는 베를린의 포로협회 명예회장이었기 때문에 특별히 친했습니다. 〈VERDUN〉의 시를 쓰도록 권유해 주신 분도 바로 그녀였어요. 스웨덴에서 출판하는 일에 협력해 주시기로 되어 있었어요."

에드거가 불쑥 말했다.

"노벨상 때문이었습니까?"

"그녀는 그런 말을 입 밖에 내지 않았습니다만, 서문을 써 주시겠다는 말은 하고 있었습니다."

나는 대답했다.

"그 이름은 듣고 있습니다."

제임스 목사가 말했다.

"전후 유럽을 위한 아동기금과 CARE(Cooperative for American Relief to Everywhere)가 서로 협력할 계획을 갖고 있었지만."

그는 성서를 들어 올렸다.

"그녀의 자선사업을 위해서, 우리 교회는 지원금과 옷가지들을 모으고 있었습니다."

나는 몸을 흔들어 그를 제지하려 했다.

"엘자는 설교 같은 것은 하지 않았지. 내게 말한 바에 따르면, 시베리아에서 굶고 있는 죄수들에게 옷과 식료품을 배급하고 있었을 때, 그들 중의 한 사람이 절도죄로 처형되게 되어 있다고 듣고, 그녀는 수용소를 관장하는 시베리아 지방장관에게 구명하기 위해 탄원하러 갔습니다. 장관은 처음에는 들어주지 않았지만, 귀중한 러시아어 성경을 보냈더니 '알았습니다. 그를 당신에게 맡깁시다.'라고 말했던 것입니다. 그로부터 얼마 되지 않아서 그녀는 유대인 소년으로부터 식료품 값의 보조금으로 사용한다고 하면서, 신약성서를 사도록 되었다고 하더군요."

아인슈타인은 제임스 목사를 보면서 싱긋 웃었다.

"아 그렇지, 거기에는 2천 년 전의 어떤 유대인들에 관한 것이 적혀 있었지."

"엘자가 황제의 첫 번째 부인인 오그스트 빅토리아Auguste Viktoria 황후까지도 설득해서 시베리아의 계획에 자금 원조를 하도록 시켰다고 적혀 있는 것이 생각납니다. 황후도 진주 목걸이를 거출하려고 했는데, 황제는 스스로 10만 마르크의 호주머니 돈을 기부했다고 하지요."

제임스 목사를 곁눈으로 보면서 나는 말을 덧붙였다.

"황후는 프로테스탄트 교회의 최고 대표자였음에도, 전쟁 중에는 부상병으로 가득했던 유대인 병원을 전혀 위문하지 않을 정도로 반유대주의자였어요."

아인슈타인은 빙긋 웃었다.

"음, 그래도 황후는 가끔 나도 만난 적이 있는 이스라엘 교수라고 해서 감싸주는 유대인 심장전문의가 있었네. 나는 네덜란드와 스위스의 평화 유지를 요청함으로써, 바람직하지 않은 인물persona non grata로 분류되어 있었을 거야. 황제와 자네, 즉 헤르만 박사는 독일의 젊은이가 어떻게 해서 국가에 맹목적으로 복종하도록 교육될 것인가라고 하는 견본이었지. 황제의 10만 마르크는 전쟁 방지를 위해서 쓰였다면 더 좋았을 텐데."

"황제의 가장 친한 친구 중의 한 사람인 알버트 볼인이 있었습니다. 그는 황제에게 장군들이 하는 말에 귀를 기울이지 말도록 충고를 했었으나, 유대인이었기 때문에 황후로부터 소외되어 버렸던 것입니다."

내가 말했다.

# 직관과 공시성설共時性說의 안내

나는 호주머니에서 서류를 꺼내 들었다.

"1945년에, 캠브리지 엘자의 자택에서 있었던 크리스마스 만찬회의 자리에서 본인으로부터 받았던 것이 복사본인데, 그녀가 '세계 사람들의 화해를 위한 자선(기독교적인 사랑)'이라고 부르짖고 있던 1925년 '실천 기독교인 교의 세계교회' 회의에 보낸 연설문입니다. 직관直觀에 대한 선생님의 보통이 아닌 존경을 느끼게 하는 부분이 있으므로 읽어 보겠습니다.

개인과 국가가 윤리적인 측면에서 진보함에 따라서, 자선 사업의 기회도 또한 많아집니다. 그러나 그 발전도 보조를 같이 하는 것이 합리적인 것은 아닙니다. 사실은 그 반대입니다. 우리들이 머리로 생각하는 것을 좀 억제해서 좀더 느끼도록 노력한다면, 우리들은 틀림없이 전진할 것입니다.

"이 연설은 제네바에서 커다란 감명을 주었습니다. 독일의 국제연맹 가입에 있어서 제가 직접 의견을 들은 슈트레제만Stresemann뿐만 아니라, 차를 같이 마시던 프리드쇼프 난센Fridtjof Nansen[13]도 그랬습니다. 난센은 엘자가 러시아에서 한 활동을 이어받아 노벨평화상을 받았지요."

나는 말을 계속했다.

"그녀는 처칠이 하버드 대학에서 명예박사 학위를 받은 기회에 캠브리지에서 선생님을 만나고 싶었다고 합니다. 그리고 제게 이렇게 말했습니다. '아인슈타인을 만나거든 이렇게 전해 주세요. 나도 세계는 하나라고 믿고 있습니다.' 라고."

그녀의 연설문을 넘겨드리자 아인슈타인이 말했다.

"그렇군, 인간성을 향상시키는 것은 지성이 아니고 직관直觀이지. 직관이 사람이 이 세상에서 무엇을 해야 할지를 가르쳐 주는 것이네."

제임스 목사가 물었다.

"저 세상에 대해서는 어떻게 생각하십니까?"

"영원을 약속 받는 것으로써 행복해지고 싶어하지는 않네."

아인슈타인은 대답했다.

"나의 영원은 지금, 이 순간이네. 흥미가 있는 것은 단 한 가지, 지금 내가 있는 장소에서 목적을 다하는 일. 어떤 것인지 모르는 미지未知의 요인에 유도된 것이지. 그것들의 덕택으로 나도 영원의 일부가 되어 있다네. 그런 의미에서 나는 신비주의자라 말할 수 있지. 엘자도 우리들의 내적인 자기를 형성하고 있는 미지의 요인에 영감靈感을 부여 받았다고 생

---

13) 프리드쇼프 난센(Fridtjof Nansen): 1861~1930, 노르웨이의 동물학자·북극탐험가·정치가. 1888년 그린란드를 횡단, 제1차 세계대전 후에 국제연맹에서 활약, 포로송환·난민 구제·군축들의 공로로 1922년 노벨평화상 수상.

각하지."

나를 돌아보고 그는 말을 계속했다.

"자네의 〈VERDUN〉의 저작著作은 또 하나의 Verdun에 이르기 전에 세계를 다시 한 번 생각하게 할 거네. 그러나 이 다음의 Verdun이란 전 세계의 일이지."

조금 전에 목사가 성서의 요셉의 1절을 인용하여, 그리고 방금 아인슈타인이 목적에 대해서 언급한 것은 개개의 경험이 보다 좋은 목적의 원인이 된다고 하는 목적론과 이어진 융의 공시성설共時性說을 상기하게 하였다. 나는 아인슈타인 자신이 그 학설을 실증하고 있는 것으로 여겼다. 그래서 그가 어린 시절 나침반을 받았던 이야기를 꺼내어, 그것이 사상事象의 공시성 증명이라고 말했다.

"나침반이 없었다면 창조의 인과因果 과정의 탐구를 시작하지 않았을 것이고, 어린 시절 병약해서 누워 있지 않았다면 나침반을 받는 일은 결코 없었을 겁니다. 게다가 숙부님이 물리학에 흥미를 갖고 계시지 않았다면, 선생님은 그 아인슈타인이 되지는 못했겠죠. 그러나 그 당시 이미 선생님의 어머니는 선생님이 유명해질 것을 예견하고 계셨어요."

아인슈타인은 진절머리 나는 것같이 보였지만 그래도 빙긋 웃으면서 말했다.

"나에 대한 이야기는 이제 그만하게나!"

"아닙니다. 융과 그의 학설에 주목해 주시기 바랍니다."

아인슈타인은 나를 보고 말했다.

"융은 위대한 인물이야. 그러나 지그문트 프로이트Sigmund Freud[14]를 위시해 유대인들이 히틀러의 공포정치 하에서 사직하거나 국외로 퇴거를 여지없이 당하게 되었다고 하는데, 그가 독일의 정신분석학회 회장에 취임할 것을 수락한 것은 아주 잘못한 일이지. 그는 스위스 시민이었으므로 아무런 걱정도 할 필요가 없었고, 게다가 스위스에 새로운 학회를 설립했다는데, 그 행동은 독일 학자의 전형이었어. 그러나 물리학의 인과관계因果關係가 우주의 법칙을 설명하는 데 불충분하다고 하는 점에 대해서는 그는 찬성하고 있었지. 나의 상대성이론은 자기의 지성知性보다 오히려 감각感覺과 관계가 깊었기 때문이지."

나는 말했다.

"선생님은 지성知性으로는 인과관계를 설명할 수 없고, 융이 말하는 사상事象의 공시성共時性이라는 것을 긍정하고 계십니다. 직관은 마음의 깊은 곳에서 나온다고 합니다. 문 앞에 서 있던 남자가 선생님을 위협하고 있었을 때, 제가 차 마시러 초대 받았던 일도 사상의 공시성이었던 것입니다."

아인슈타인은 거칠게 말을 막았다.

"그 남자의 일은 이젠 그만 말하게나, 내 의견은 편지에 적혀 있었을 텐데."

"그렇습니다."

나는 말했다.

"그가 해롭지 않는 인물이라고 생각하는 것은 세계 속에서 선생님뿐일 것입니다. 그것은 어떻든 간에, 제 인생을 되돌아 보면 저도 또한 '목숨을 구하기 위해서 신이 나를 당신들보다 먼저 파견되었다.' 라고 말해서는 안 될까요. 저는 황제의 전쟁에 지원해서 참가하여, 얼마 되지 않아서 융이

---

14) 지그문트 프로이트(Sigmund Freud): 1856~1939, 오스트리아의 정신병리학자. 정신분석의 창시자. 인간의 심층심리를 억압당한 성욕으로 설명. 문학에도 커다란 영향을 미쳤다. 대표적인 저서로 《정신분석학 입문》이 있다.

말하는 사상의 공시성을 경험했어요. 아르곤Argonne 마을에서 불타오르는 헛간 앞에 멈춰 선 두 어린아이의 시선을 느껴 '이겨서 프랑스를 때려부수자'라고 노래 부르던 것을 그쳤던 것입니다. 사관학교에서 배운 다음과 같은 노래를 믿는 것도."

미워하지 않으면 안 되기 때문에 미워하는 것이다.
미워하는 방법을 알기 때문에 미워한다.
우리들은 함께 웃고 미워한다.
최대의 적 영국을 같이 미워한다.

"그러나 저 세상의 심판이 있습니다!"
목사가 부르짖었다.
내게는 등줄기에 얼음덩이라도 집어넣은 것처럼 서늘하게 느껴졌다.
아인슈타인이 말을 이었다.
"그렇게 믿고 있는 사람은 그것으로 좋네. 자기 육체의 사후死後에 대해서는 아무것도 상상할 수 없어. 아마도 모두가 끝나게 될 거야. 자신이 지금 여기에 있고, 그리고 영원한 신비적인 일부라고 알고 있는 것만으로 충분히 만족한다네. 만약 삶이 이어진다고 할지라도 저 세상은 두렵지 않아. 내가 선행善行을 조금이라도 한다면 그것이 자기 자신으로부터 해방되는 것에 도움이 되겠지. 선을 위해서가 아니고 종교가 저 세상에서 상벌이 기다리고 있다고 가르치기 때문에 선행을 한다고 하면 그것은 바람직하지 않다고 보네."
"그렇지만 '유대교'도 똑 같은 것이 아닙니까?"
나는 물었다.

"십계라고 해서 그것을 공포로 지키게 하는 것을 생각해 보세요."

"그렇지 않네."

아인슈타인이 말했다.

"십계는 유대인을 성스러운 백성으로 만들기 위해서 다신교와 인신人身을 모두 부도덕한 행위를 받드는 주위의 민족과 구별하기 위해서 주어진 것이지. 유대교는 일신교라서, 그 때문에 오늘날까지 미움을 받고 있지. 히틀러는 일신교와 십계를 유대인의 개념이라고 해서, 그것들을 파괴하는 것이 독일 사람들의 최고의 의무라고 공언했지. 유대교의 진가는 정신적이고 윤리적인 내용과 그에 어울리는 개개 유대인들의 소질에 있어. 기독교인으로부터 2,000년 동안이나 박해를 받았음에도 불구하고, 유대인들은 사고思考의 정신적 심화를 사랑하기를 그치지 않았지."

목사가 기회를 놓치지 않고 말을 덧붙였다.

"그러나 바울은 빌립보서에서 이렇게 말했습니다. '감히 두려워하며 자신의 구원을 이루도록 노력할지어.' [15]라고."

아인슈타인은 내 쪽을 돌아보면서 독일어로 말했다.

"모두들 왜이러는 거지. 나를 자기들의 신앙으로 끌어들이려하는가."

"선생님의 이름이 좋은 선전이 되기 때문이지요."

아인슈타인은 말을 계속했다.

"만약 각 종파들에게 주문을 한다면, 먼저 '스스로 마음을 돌릴 것부터 시작하세요.'라고 말하고 싶네. 그리고 권력정치를 끝내는 일이지. 그들이 스페인과 남미 각국, 그리고 러시아에서 얼마나 혹독한 재앙을 일으켰던가를 생각해 보게나."

---

15) 두렵고 떨림으로 너희 구원을 이루라: 「빌립보서」 2장 12절.

아인슈타인은 영어로 되돌아 와서 말했다.

"교회가 박애주의로 많은 공헌을 한 것을 부정하지 않네. 그러나 아쉽게도 그 영적 권위가 자주 악용되어 왔다고 말하지 않을 수 없네. 권력의 유지와 강화를 위해서 여러 번 스스로 정치권력에 아첨해 왔어."

목사가 말을 거들었다.

"저희 교회에서는 항상 종교가 정치적 입장을 내세우는 데에는 저항하고 있습니다."

나는 말했다.

"교회가 공범자인 데 대한 고뇌를 다음과 같은 시로 만들었습니다."


〈교회〉


오오, 교회여 너희의 이야기는 얼마나 서럽고 잔혹한가.
너희는 빌라도Pilate의 물로 그 손을 씻었다.
너희는 소년 십자군을 축복했다.
너희의 누른 별은 고리 십자가의 지배자를 살육殺戮에 몰아세웠다.
너희의 증오에 찬 가슴 속은 '로마 법왕이 본보기다.' 라고 말했었지.

오 교회여, 오 피비린내 나는 곳이여!
너희가 탑 꼭대기에 세워 놓은 십자가로는
천국과 지옥의 현상을 바꿀 수 없다.
사랑의 힘은 악마의 권력욕이 아닌 신에게 축복 받는 것이다.

## 양심의 교회

아인슈타인은 나를 보고 말했다.

"그러기에 나의 가장 멋진 교회는 자기의 손으로 조용히 설립한 양심의 교회라네."

그리고 여러 사람들이 의아스러워 하는 얼굴들을 쳐다보면서 이렇게 말을 덧붙였다.

"몰아沒我, 깊은 자비심, 이웃에 대한 봉사, 이런 일들은 교회가 많은 신자들에게 권유하는 대신에, 한번 실천에 옮겨 실행할 항목들이라네. 우주적 종교만이 유일한 해답이지. 그렇게 하면 불쌍한 사람들의 인권을 희생함으로써 권력을 지탱하는 교회정치는 없어질 것이야."

"저는 참호塹壕에 가면서 프랑스 병사를 표적으로 절대로 총을 쏘지 않을 것이며, 오히려 제가 먼저 죽으려고 결심했어요. 양심에 거슬리기보다는 국가에 반역하는 길을 선택했던 것입니다."

"훌륭하네."

아인슈타인이 말했다.

"신의 뜻을 받았느니 하는 등 불손한 말을 할 생각은 없습니다."

나는 말을 계속했다.

"그러나 이렇게 생각합니다. '저를 초월한 힘에 따르고 있는 것이다.' 라고. 죽은 시체들이 널린 Verdun에서, 포탄 사이에서 저는 부르짖었습니다. '신이여 나를 구해 주소서. 그러면 목숨이 있는 한, 당신에게 봉사하겠습니다!' 라고. 저는 살아서 그로부터 2일 간, 수백 명의 독일 병사들의 목숨을 구했습니다."

한참 동안 침묵이 흐른 뒤에 아인슈타인은 목사를 보고 말했다.

"나의 신은 자네가 생각하고 있는 신과는 다를지 모르지만, 나의 신에 대해서 말할 수 있는 것은 나를 인도주의자로 만들어 준 것이네. 내가 유대인인 것을 자랑스럽게 생각하는 것은 유대인들이 세계에 성서와 요셉의 이야기들을 갖게 했기 때문이지. 한평생 나는 사람의 생명을 구하려고 노력할 것이네."

"그러나 원자폭탄의 위협이 계속되는 한, 선생님의 노력에도 한계가 있습니다."

목사가 반론했다.

"다음에 원자폭탄이 전쟁에 쓰인다면, 우리들은 모두 끝나게 될까요?"

나는 물었다.

"그렇게 생각되지는 않네. 세계 인구의 3분의 2 이상은 죽겠지만, 한 번 더 새판을 짜기에 충분한 인간들이 살아남을 것이겠지."

"파멸을 방지할 방법은 있습니까?"

이번에는 조카인 허버트가 물었다.

"있고말고."

아인슈타인이 말했다.

"사악한 마음을 정복할 수만 있다면 말이야. 과학적 수단에 의지하지 말고, 우리들 자신이 마음을 바꿔먹고 용기를 내어 말하면, 사람들의 마음을 바꿀 수 있을 거야. 자연의 힘에 대한 지식은 아낌없이 나누어 가져야만 하지만, 그것은 악용을 방지하는 수단을 강구한 경우에만 한하지. 전쟁과 평화는 동시에 준비할 수 없음을 깨닫지 않으면 안 된다네. 마음을 깨끗이 해서 비로소 우리들은 세계를 뒤덮고 있는 공포를 털어 버릴 수 있는 용기를 찾아 낼 수 있을 거야."

에드거가 물었다.

"우리가 원자폭탄을 계속해서 독점할 수 있을 것으로 보십니까?"

"절대로 무리한 일이지."

아인슈타인이 말했다.

"도대체 비밀이란 필요하지 않도록 초국가정부를 만들도록 하지 않으면 안 되지."

"선생님은 원자물리학자 긴급위원회의 위원장이었지요?"

내가 물었다. 그가 그렇다고 인정하기에 나는 이렇게 말했다.

"그 구성원들은 원자폭탄을 개발한 사람들이었습니까?"

"구성원들 가운데는 맨해튼 프로젝트[16]에 참가했던 사람들도 있었네. 그러나 지금은 그들도 이 혹성惑星의 생명이 존속할 수 있을지 걱정하고 있네. 위원회의 목적은, 원자에너지와 이것이 사회에 끼치는 영향에 대해

---

16) 맨해튼 프로젝트(Manhattan Project): 미국에서 제2차 세계대전 중에 수행되었던 원자폭탄 제조 계획의 암호명. 이 계획에 따라서 뉴멕시코 주에서 만들어진 원자폭탄이 히로시마에 투하되었다.

서, 사실을 알기 쉽고 널리 알리는 데 있지. 원자력 문제는 알다시피 과학이라 하기보다는 윤리상의 문제지. 원자력 시대가 왔다고 하는데 사람들이 머리를 달리하려 하지 않는 것이 내게는 안타까운 일이야. 그래서 주위를 살펴보면, 미국에서도 개인이 속박되기 시작하고 있지 않은가. 러시아의 위협에 대항하기 위해서 전쟁을 좋아하는 기운이 솟아오르고, 평화는 어디로 가고 전쟁을 향해서 준비를 하고 있는 것 같아. 지금의 자본주의적인 병기 생산에 대한 관심은 크룹스의 철강업자들이 히틀러와 손을 잡았던 일을 떠오르게 하네. 군수산업은 황금알을 낳는 거위야. 자본가들은 호화스런 저택과 토지 및 요트를 손에 넣고 있지."

나는 기회를 놓치지 않고 말했다.

"헨리 포드는 반유대주의 인쇄물《시온Zion[17]의 어진 사람들의 의정서》를 출판해서 전체 미국에 뿌렸습니다. 그는 '반유대주의 사상'을 보다 더 펼치려고 《Dearborn Independent》지를 매수했습니다. 브루어닝이 제게 말한 바에 따르면, 나치운동에 금박을 붙여 그 신장을 도왔던 리처드 바그너Richard Wagner의 아들인 지크프리트Siegfried와 그의 처인 윈프레드Winfred가 준비한 비밀 통로를 통해서 포드는 나치에 막대한 기부를 했던 것 같습니다."

아인슈타인은 고개를 끄덕였다.

"막스 리버만이 자네에게 바그너의 진짜 부친은 유대인이라고 말한 것이 떠오르네. 어린아이들은 그 사실을 알고 있었는지? 물론 좋은 독일 사람으로서는 그런 사실들을 알고 싶지 않았겠지. 포드의 경우를 보면, 자

---

17) 시온(Zion): 예루살렘 동부에 있는 언덕. 다윗왕이 이곳에 성을 쌓았다고 한다. 훗날 바뀌어 이스라엘 전체, 유랑하는 유대인들이 '그리워하는 나라' '성스러운 산'의 뜻으로 탈바꿈되었다.

본가가 성공을 하고 국가주의자가 되었을 때, 얼마나 위험한 존재가 되는가를 잘 알 수 있지. 그들이 말하는 것처럼 '돈이 말하게' 하는 셈이지. 정말 미국은 민주주의국가이고 히틀러 같은 자는 없다네. 그러나 장래가 걱정되네. 미국인의 앞날은 다난多難하고 안팎의 어려움에 휩싸이게 될 거야. 미국은 흑인문제와 히로시마 및 나카사키를 웃어 넘겨 잊어 버릴 수는 없지. 우주법칙이 있는 한은."

# 우주적 종교의 교의教義란?

제임스 목사는 화제를 바꾸려고 필사적으로 말했다.

"아인슈타인 선생님, 원자력은 불가사의한 것이지만, 신도 불가사의한 것입니다."

"무엇을 말하고 싶은가?"

아인슈타인은 목사 쪽을 돌아보며 물었다.

"불가사의에서 출발하지 않는 과학은 없네. 사색思索하는 사람들은 모두 불가사의한 마음으로 가득차고, 별을 쳐다보고 놀라움과 외경畏敬으로 가득찬 마음이 되고 말 것이네."

"그러나 불가사의도 두려움도 충분하지는 않습니다."

목사는 되받아 대답했다. 그 금욕적이고 단정한 얼굴에는 복음 전도사의 정열이 나타나 있었다.

"알고 있네."

아인슈타인은 나를 보면서 비웃는 듯한 말투로 말했으나, 그의 태도는 무언의 비난으로 변해 가고 있었다.

"자기가 창조한 것에 상벌을 주는 그러한 인간적인 신은 믿지 않는다고 또 말하지 않으면 안 되는가? 신은 기도만 하면 무엇이든지, 어떻게든지 해 주는, 그런 우주법칙을 창조할 리가 없네."

"유대인들은 세계의 죄를 속죄하기 위해서 선택되었다고 하는 사명이 있는 것이 아닐까요?"

내가 묻자 아인슈타인이 대답했다.

"그러한 신비설은 납득하기 어렵지만, 자네가 그렇게 여겨서 만족한다면 좋을 대로 하게나."

그는 고개를 설레설레 흔들었다.

"독일의 지적 지배층들과 고명한 학자들이라든지, 성직자들, 그리고 장군들의 애처로운 거동을 생각하면……."

"예."

나는 그의 말을 중간에 끊었다.

"그들 대다수는 브라우히치Brauchitsch와 룬트쉬데트Rundstedt 그리고 롬멜Rommel[18]과 같은 교회에 열심히 다닌 사람들이었습니다."

그는 말을 계속했다.

"그 일을 생각하면 사람의 복리를, 국가나 교회에 대한 충성보다 우선시키지 않으면 안 된다고밖에 할 수 없네. 다시 말하지만, 우리들에게는 우주적 종교가 필요하단 말이야."

---

18) 롬멜(Erwin Rommel): 1891~1944, 영국 수상인 처칠이 '사막의 여우'로 평한 독일 군인. 제2차 세계대전 때 아프리카 전선에서 활약했다. 연합군의 노르망디 상륙 때 방위군 총사령관. 후에 히틀러 암살 계획에 말려들어 자살했다.

"우주적 종교란 어떤 것입니까?"

목사가 물었다.

아인슈타인은 몸을 앞으로 쑥 내밀었다.

"제임스 목사, 인간은 신의 모습에 닮게 만들어졌네. 인간에게는 무한한 차원이 있어, 그 양심 속에서 신을 찾았어. 이 종교에서는 세계가 합리적이고 사람은 세계를 생각하고, 그 법칙을 사용해서 함께 창조하는 것이 궁극의 신의 뜻이라고 하는 가르침 이외의 교의敎義는 없지. 단, 거기에는 조건이 두 가지 있을 뿐이야. 그 하나는 불가해不可解로 보이는 것이 일상의 일들과 같을 정도로 중요하다는 사실이지. 둘째는 우리들의 능력은 둔감鈍感하여 표면적인 지식과 단순한 아름다움만을 이해할 수 있을 뿐이라는 것이지. 그러나 직관을 통해 우리들 자신과 세계에 대해서 보다 더 큰 이해를 하게 되지. 나의 종교는 모세가 기본이네. 신을 사랑하고 자기처럼 이웃을 사랑하라고 하는 것이지. 그리고 내게 신은 '타他의 모든 원인의 근저根底에 있는 제1 원인First Cause'이라네. 다윗과 예언자들은 정의가 없는 사랑, 또는 사랑이 없는 정의는 있을 수 없다는 것을 알고 있었지. 그 이외의 종교적인 장식들은 필요하지 않네."

목사가 따지고 들었다.

"신의 지혜와 지식은 대단한 것이네요."

아인슈타인은 미소를 띠었다.

"무엇이든지 알 수 있는 능력은 있지만, 지금은 아무것도 알고 있지 않다는 것을 깨달았을 때, 자신이 그렇게 중요하지 않다고 겸손해졌을 때, 자기가 무한의 지혜의 해변에 있는 한 알의 모래에 지나지 않는다고 여겼을 때, 그것이 종교인이 되었을 때지. 그런 의미에서 나는 열심히 수도하는 한 사람이라 말할 수 있네."

"아멘."

목사가 부르짖었다.

"'나 없이는 너희는 아무것도 할 수 없다.'라고 주님이 말씀하셨습니다. 아인슈타인 선생님, 당신의 겸손은 영혼이 할 수 있는 능력이네요."

"영혼의 주된 임무는, 인간을 그 자아自我, ego로부터 해방시키는 것이라고 보네."

아인슈타인은 말했다.

"선생님, 영혼의 도움 없이는 죄 많은 자아로부터 탈출할 수 없습니다."

목사는 성서를 펼쳐 들었다.

"바울이 데살로니가 사람들에게 보낸 편지에 이렇게 적혀 있기 때문입니다. '하나님의 사랑하심을 받은 형제들아, 너희를 택하심을 아노라. 이는 우리 복음이 말로만 너희에게 이른 것이 아니라 오직 능력과 성령과 큰 확신으로 된 것이니'[19]라고."

아인슈타인은 아무래도 난처한 것같이 보였다. 나는 목사의 입을 다물게 하려고, 기록할 용지를 흔들었지만, 지금은 자기 차례니까 이대로 지껄이게 하라는 듯이 미소만이 되돌아 왔을 뿐이었다. 이 끈덕진 천사에게 날개를 달아 주어 날아가게 하려고 나는 의자에서 일어섰으나, 한 번 더 아인슈타인 쪽을 보지 않으면 안 될 것 같은 느낌이 들었다. 그러나 그는 나의 속마음을 알아차린 듯이 미소짓고 있었다. 나는 의자에 다시 앉았다.

목사는 말을 계속했다.

---

19) 「데살로니가 전서」 1장 4~5절.

"아인슈타인 선생님, 선생님은 훌륭한 모범을 믿고 계시는데, 제 경우는 그 모범이 '성 바울'입니다. 그는 '때를 가리지 말라.'라고 설교한 것으로 알려져 있습니다. 그러나 선생님은 부적절한 대상에 열의를 기울이고 있는 것이 아닌지요. 선생님은 불쌍히 여기는 마음을 갖고 계시기 때문에, 주위에는 고통만이 있다는 것을 인정하시지요. 그러나 그리스도가 십자가 위에서 당한 것처럼, 우리들이 고통을 받아들인다면 그것은 의미를 갖게 되고, 견디어 낼 수 있게 되는 것입니다."

"십자가는 전쟁을 일으켜서, 군인들과 히틀러와의 거래에 이용되어 왔네. 그런 십자가는 벌써 의미를 잃어 버렸다고 말할 수 있지."

한참 동안 침묵이 흘렀기에, 나는 이 기회를 놓치지 않으려 했다.

"아인슈타인 선생님, 캠프에 참가한 학생들은 버트란드 러셀과 그가 행한 기독교인적인 결혼관에 대한 공격을 선생님이 지지했다는 사실에 충격을 받고 있습니다."

"그의 개인적인 의견에는 흥미가 없네."

그는 퉁명스럽게 대답했다.

"그렇지만 수학과 철학의 대가가 뉴욕에서 교수의 지위를 박탈당한 것은 히틀러주의적인 처사였지."

나는 말을 계속했다.

"망명자인 선생님이, 그의 '중혼重婚 나체주의'의 편을 들었다는 것을 학생들은 분개하고 있었습니다."

나는 조카에게 슬슬 떠나자는 몸 시늉을 했다. 이별의 악수를 하고 있을 무렵에, 허버트가 사진기를 가리키기에 아인슈타인에게 사진을 찍어도 좋으냐고 물었다.

"아아, 좋고말고."

세 번째 대화를 했을 때 아인슈타인과 저자. 1943년 9월 14일, 프린스턴에서

그는 말하고 책상 뒤에 서서 자세를 취했다. 그러나 방 안이 너무 어두워서 우리들은 밖으로 나왔다.

사진을 찍고 있는 동안에 힐다와 그의 딸인 마고도 합류했다. 그들을 소개하니까 아인슈타인은 말했다.

"독일에서 왔다는 것을 누구든지 알겠어. 몸짓과 복장 게다가 걸음걸이까지 어딘가 미국인과 틀리는 것이 있어."

그는 빙긋이 웃으면서 말을 덧붙였다.

"그렇지만 결국 우리들은 똑같다네. 모두들 원숭이의 자손들이기에 말이야."

아인슈타인이 방안에 되돌아가기 위해서 계단을 올라가고 있을 때, 나는 뒤를 쫓아가 복도가 쑥 들어간 곳에서 따라잡았다.

"선생님, 선생님께 용서를 구하지 않으면 안 될 것이 있어서요."

그는 되돌아섰다.

"또 무엇이 있었는가?"

"아쉽게도 그렇습니다. 제임스 목사의 열정은 어쩔 수가 없었습니다."

"걱정하지 않아도 좋아. 그는 진지하고 나는 익숙해 있다네. 하늘나라에 데려다 주고 싶어 하는 사람은 어디든지 있지. 추기경들과 랍비(유대 교회 목사)들도 그렇다네. 제임스 목사는 사람의 마음에서 신을 도출해 내고 있는데, 나는 자연에서 찾아낸다네. 사람들이란 그런 것이지."

"또 어린아이 같은 생각이었습니다."

그는 웃으면서 나의 손을 잡았다.

"마음씨 나쁜 어른보다 장난기 많은 어린아이 쪽이 더 낫네."

나는 호주머니에서 에세이를 쓴 종이를 꺼냈다.

"이것은 선생님께서 적어 보라고 하신 '하버드에서의 처칠' 입니다."

아인슈타인은 처음에는 무슨 영문인지 모르는 듯이 나를 보더니, 곧 에세이에 눈을 돌렸다.

"5년 전의 일이었는데, 편지의 대부분과 함께 쓰레기통에 들어가지 않도록 직접 건네 드리고 싶었습니다."

그는 받아 들더니 놀랍게도, 맨 끝 쪽부터 뒤에서 앞으로 거꾸로 읽기 시작했다.

"처칠에게 자네의 시 〈DUNKIRK〉를 보내지 않았던가?"

그는 물었다.

"하버드 대학의 커넌트Conant 총장이 에세이와 함께 처칠에게 보냈다고 들었습니다."

아인슈타인은 미소를 지었다.

"나도 시를 쓰지만 자네가 더 잘 쓰네."

내 앞에 멈춰선 그는 너무나도 젊어 보여 세상을 떠나 살아온 것 같아, 무심코 나는 이렇게 물었다.

"아인슈타인 선생님, 다시 태어나는 것을 믿습니까?"

그는 춤이라도 추는 것처럼, 에세이를 쓴 종이를 들고 흔들었다. 유대인의 예언자를 연상했다고 말하려는 것을 알아차린 것이었을까.

"무엇인가 재미있는 이야기라도 해 주리라 여겼는데."

그는 독일어로 바꾸어 말했다. 나도 독일어로 대답했다.

"예, 그렇습니다. 몇 해인가 전에 워싱턴의 영국대사관에서 여왕의 형제인 보우즈-리옹Bowes-Lyon 경과 점심 식사를 함께 했습니다."

그는 빙긋 웃었다.

"아아, 그곳에서 〈DUNKIRK〉도 드렸지."

"그렇습니다. 〈Free anthem Free Men Go Forth〉, 〈The Women of

England〉라고 하는 시도 함께요. 그러나 제 이야기는 끝내도록 하지요."

"알았네."

그는 빙긋이 웃었다.

"선생님, 제가 그렇게도 이상합니까? 그렇지 않으면 무엇을 말하려고 하고 있는 것을 알았습니까?"

"말하게나. 어려워하지 말고."

"보우즈-리옹 경은, 선생님께 영국에서 머무시도록 제안했다 거절당해 몹시 아쉬워하고 있었어요. 선생님께 작위爵位를 수여하게 되어 있었대요."

"저런 저런, 아인슈타인 경이 되었겠구만."

"어째서 수락하시지 않았습니까?"

내가 물었다.

"친구이신 허버트 경은 사무엘 경이 되었습니다."

"여왕의 형제들에게는 이렇게 전해 주게. 아인슈타인은 다시 태어난다면 받아들일 것이라고. 아니, 구두 만드는 직공으로 다시 태어날 것이라고, 이렇게 전해 주기 바라네."

그는 나의 손을 굳게 잡고 말했다.

"세계에 이렇게 전해 주기 바라네. 만약 내가 히로시마와 나카사키의 사건을 예견했었더라면 1905년에 발견한 공식을 폐기했을 것이라고. 그리고 다음의 두 가지 창설에 협력해 주기 바라네. 세계청년회의와 하나의 군사력을 인정할 수 있는 초국가정부를. 전쟁 중에 자네가 말했던 국제평화유지군은 지금이야말로 현실화시켜야 될 때야. 자네는 사회학자로서 아직 젊네. 이를 천명으로 알아 주기 바라네. 자네는 Verdun을 경험했네. 인생을 의미있게 살게나. 시만으로는 아깝네. 지금은 괴테와 쉴러 그리고 하이네가 살았던 시대가 아니야. 인생을 가치있는 목적에 바쳐야 되네."

나는 압도되어 말했다.

"그러나 선생님은 새로운 공식을 발견해서 세계를 구원할지도 모릅니다."

"그런 은혜가 주어질지 어떨지는 모르겠네."

그는 하염없이 손으로 머리칼을 쓰다듬었다.

"선생님, 1930년 베를린에 있었을 때처럼, 우리들은 또 여기 프린스턴에 서 있네요."

"그렇군."

그는 장난기 많게 말했다.

"그렇지만, 이번은 경찰에 끌려가거나 하지는 않겠네."

"물론이죠. 여기는 미국이니까요."

내가 말했다.

"미국, 그렇지만."

그는 중얼거렸다.

"러시아를 군비의 구실로 삼아, 한층 더 겁나는 핵병기核兵器를 만들고 있지. 좀더 젊었다면 미국에 애착심을 가졌을 거야. 자유롭게 학문을 할 수 있고, 병기兵器가 없는 곳에서 살고 싶네. 정신적 가치가 국가에 억압받지 않는 곳에서 살고 싶어. 이웃을 사랑하지 않는 것은 참으로 무가치한 일이야. 불쌍한 미국, 묵시록의 기수騎手가 가까이 오고 있네."

1930년 베를린에서처럼, 그는 헤어지는 인사말도 하지 않고 방 안으로 사라졌다.

다음 날, 차 마시는 시간에 제임스 목사가 이렇게 말을 꺼냈다.

"이번에 아인슈타인을 방문할 때는 기독교의 신앙역사를 역설해 봅시다. 시나이 반도, 회심의 길, 열린 묘……."

나는 즉각 물을 끼얹었다.

"신은 많은 대저택을 갖고 있다고 하는 사실을 인정하도록 하는 편이 좋을 거요. 그 하나는 틀림없이 아인슈타인을 위한 것이라서 우주의 연구를 계속할 수 있다고. 그는 제임스 목사는 진실한 사람이라고 말했어요."

제임스 목사가 슬픈 듯이 웃는 것이 느껴졌다. 젊은 전도사에게는 이 말이 거의 위로가 되지 않았다. 미국의 운명에 대해서 아인슈타인이 헤어질 때 했던 말이 떠올라, 제임스 목사에게 이야기를 했다. 한참 있다가 제임스 목사는 성서를 꺼내어 묵시록의 한 구절[20]을 읽었다.

내가 보매 청황색 말이 나오는데  그 탄 자의 이름은 사망이니
음부가 그 뒤를 따르더라. 저희가 땅 사분 일의 권세를 얻어
검과 흉년과 사망과 땅의 짐승으로써 죽이더라.

제임스 목사는 전날에 재빠르게 속기速記한 대담 기록을 완성시키는 작업을 참을성 있게 거들어 주었지만, 나와 함께 기록한 것을 읽어 나가고 있는 동안에, 그의 정열의 불꽃은 마음을 따뜻하게 하는 사랑으로 변모해 갔다. 이렇게 목사의 도움을 받아 아인슈타인과의 만남을, 내게 문을 열어 준 산 조San Jose의 학생 클럽에 소개할 수 있게 된 것이다.

---

20) 묵시록의 한 구절: 「요한계시록」 6장 8절.

# 제4장_ 최후의 대화

세계평화와 과학자의 책무

/ 1954년

# 유대 사람인 '성모'

    온갖 종교운동과 구도求道 활동에 몰두하는 가운데, 나는 후일에 대사교大司敎가 된 풀턴 쉰Fulton Sheen 신부와 친하게 되었다. 그는 유대교, 기독교, 범교凡敎, 불교, 그리고 회교 등을 포함한 우주 종교를 설립하고자 하는 나의 의도를 이해해 주었다. 그는 반유대주의자들을 향해 보내는 방송 프로그램 만들기에 전념하고 있었으며 아인슈타인과 그의 업적을 널리 알릴 특별 프로그램을 제작하려고 계획하고 있었다. 그래서 아인슈타인 본인의 허가를 얻으려 했었다. 쉰 신부는 자기를 포함한 가톨릭지도자들이 일찍이 아인슈타인에게 퍼부었던 비방과 중상을 보상하지 않으면 안 된다고 느끼고 있었기 때문이었다.

    뉴 로셸에 살고 있는 누이 힐다를 한 번 더 방문하고 있었던 1954년 여름, 뉴욕 《Life Magazine》의 편집부장인 친구 윌리엄 밀러가 프린스턴까지 드라이브하지 않겠느냐고 제안해 왔는데, 그는 인생의 목적이 정해

지지 않아 좌절감에 빠져, 공부할 용기를 잃은 하버드 대학에서 물리학을 전공하고 있는 장남인 패트릭Patrick을 데리고 와 있었다. 빌은 아인슈타인이 아들의 재기再起에 도움을 주지 않을까 기대하고 있었던 것이다.

아인슈타인의 비서에게 전화를 걸어 보았더니, 교수님이 감기에 걸려서 이번 주말에는 면회를 사절한다고 거절당해서 맥이 빠져버렸다. 그러나 비서라고 하는 것은 문지기 개의 구실을 하는 것으로 정해져 있기 때문에, 나는 그녀가 말한 것을 모두에게 알리지 않았다. 그런데 그 즈음부터 앞날에 점점 더 어두운 먹구름이 드리워져 왔다. 빌의 차가 고장이 나고, 그 때문에 마중이 두 시간 늦어졌는데 겨우 출발했는가 싶었더니, 이번에는 유료도로 출구를 잘못 나와 버리고 말았다. 이래서는 예정했던 점심시간 전에는 도착할 수 없었고, 유럽 관습을 엄격히 지키는 아인슈타인이 손님을 초대해 차를 마시는 시간이 되어버린다. 그러나 우리들은 포기하지 않고 "잘 될 거라고 생각하자. 그렇게 하면 간단히는 되돌릴 수 없을 정도의 긍정적인 파장이 우리들에게 나올 것이다."라고 하는 빌의 직관에 의지해 보기로 했다.

아인슈타인의 집에 닿았을 때는 토요일 늦은 오후였다. 나는 차에서 내려 초인종을 울렸다. 그러니까 검소하게 차려입은 중년 여성이 안쪽 문을 열었다. 그리고 아인슈타인은 손님들과 차를 마시고 있기 때문에, 예약이 없으니 내주에 예약을 다시 하고 오라고 말했다. 정말 아인슈타인의 충실한 비서인 미스 헬렌 뒤카. 이래서는 긍정적인 파장도 통할 수 없었다.

그녀와의 사이에 있던 스크린 도어는 마치 성역을 지키는 방어벽 같았다. 그녀의 모국어인 독일어로 말을 걸어도, 아인슈타인으로부터 반유대주의에 대한 의견을 듣고자 한다고 말해도 꿈적도 하지 않았다. 그러나 아인슈타인과는 이전부터 아는 사이이고, 베를린에서 정신이 약간 이상한 작가로부터 협박을 받고 있던 때에 경찰에 보호를 요청하기 위해서 모시고 나와 도와드린 적이 있었다고 하니 태도가 누그러졌다. 그때서야 겨우 문을 열어 우리들을 들어가게 해 주었다.

방에서는 커튼 너머로 찻잔들이 부딪히는 소리와 아인슈타인이 여러 사람들과 이야기를 나누는 소리가 들려왔다. 나를 기억하고 계실까? 벌써 75세가 되었고, 매일같이 온 세계에서 오는 방문객들과 편지에 시달리고 계신다. 게다가 비서는 자그마하고 말랐는데도, 방은 자기가 있는 것만으로도 꽉 차서, 우리가 함께 온 사람들과 아인슈타인도 들어 설 틈이 없을 정도라고 말하고 싶어했다. 그녀는 양보하지 않고, 내가 무엇을 질문하고자 하는지를 알고 싶어하고 있었다.

커튼은 또 다른 하나의 장벽으로서, 또 하나의 스크린 도어가 있는 것과 같았다. 헬렌 뒤카의 전세는 틀림없이 타오르는 검劍을 들고 천국의 문을 지키는 대천사 미카엘Michael이었음에 틀림없다.

그때 우연히 나는 'Our Sunday Visitor Press(헌팅턴, 인디애나주)' 사에서 방금 출판된 종교에 관한 나의 에세이집 《Mary and the Mocker》를 갖고 있었다. 이것을 건네 주자 그녀는 안으로 들어갔다. 이 작은 책은 커튼 저쪽의 이야깃거리로 안성맞춤이 된 듯, 누군가가 "어, 풀턴 쉰이 서문을 썼네."라고 하는 소리가 들렸다.

기다리고 있는 사이에, 어린아이를 안은 어머니의 작은 조각상이 놓인 제단祭壇처럼 보이는 것이 눈에 뜨였다. 그 순간 나는 깜짝 놀랐다. 언제나 인생 미궁迷宮의 출구를 지시해 주는 아리아드네Ariadne의 실꾸리[1]처

---

1) 실꾸리: 그리스 신화. 아리아드네가 길을 찾아 갈 수 있도록 테세우스에게 건네 준 실뭉당이.

럼, 이것은 의미 있는 우연의 일치였던 것이다. 옆방에 있는 아인슈타인의 손에 《Mary and the Mocker》, 그리고 이 방에는 마리아가 있다. 틀림없이 마리아는 유대인이었지만 여기는 현실주의자인 아인슈타인의 자택이다. 다음으로 50년 전에 베를린에 있던 아인슈타인의 아파트에서와 똑같은 조각상을 몇 개나 봤던 것이 떠올랐다. 이 훌륭한 제단은 오래토록 사용한 수양버들 나무로 만든 의자, 검소한 둥근 테이블, 수도승이 사용할 것 같은 잠들기 어려워 보이는 간이침대 등의 가구들 가운데서 특히 나의 눈을 끌었다.

커튼을 걷어 젖히고서 아인슈타인이 나타났다. 그는 미소를 지으며 손을 내밀었다.

"이전에 만난 것 같은데."

나는 손님이 계시는데 불쑥 찾아온 것을 사과드렸다. 그러니까 그는 차 마시는 것은 벌써 끝났으니까 "좋네, 무엇을 알고 싶은가?" 하고 물었다.

이것 또한 어려운 상황이 되어버렸다. 만약 질문이 그의 흥미를 끌지 못하면 간단한 대답이 되돌아오고 끝날 판이다. 한편 빌의 아들이 질문할 기회를 얻어, 그것이 아인슈타인의 마음에 든다면 이쪽은 좋지만. 그러나 미스 헬렌 뒤카의 꾸지람하는 것 같은 검은 눈동자가 이쪽을 보고 있는 것을 보자, 질문할 쪽지를 보는 것까지 뜻대로 되지 않을 정도로 긴장되어 버렸다.

"아인슈타인 선생님."

나는 당돌하게 말했다.

"저는 물리학에는 초보자입니다만, 그래도 선생님과의 공통점이 있습니다. 그것은 성모를 사랑하고 있다는 점입니다."

문 곁에 서 있던 미스 헬렌 뒤카가 날카롭게 말했다.

"성모를 믿고 있지 않는데요!"

"아인슈타인 선생님, 선생님은 신비주의자이시고 저도 그렇습니다."

"좀 기다려 주게나!"

아인슈타인은 손을 흔들었다.

"나는 신비주의자가 아니네. 창조 앞에서는 지극히 겸손한 느낌을 갖지만, 자연법칙을 발견하려는 일과 신비주의와는 관계가 없네. 그것은 인간정신을 엄청나게 능가하는 정신이 나타나는 것과 같은 그런 것이지. 나는 과학의 추구를 통해서 우주적 종교 감각을 알았네. 그러나 신비주의자라고 불리는 것은 곤란한데."

"그렇다면 선생님은 어린아이입니다."

나는 대답했다.

"어린아이는 달리 신비주의자가 아니지만, 주위의 환경을 알려고 해서 무심결에 주위를 두리번거립니다. 그렇지만 주위 환경은 우주의 별들도 포함하는 것입니다. 우리들은 다른 세계의 일부이기도 합니다. Verdun에서 저는 인간에게는 3차원 공간 이상의 많은 차원이 존재하고 있는 것을 깨달았습니다. 무한의 차원을 갖고 있는 것이죠. 그래서 저는 자신의 존재가 전부라는 것을, 더 잘 이해하기 위해서 신비주의와 형이상학形而上學에 관심을 갖는 것입니다. 선생님은 인류의 모든 문제들 가운데서 윤리倫理상의 책임이 가장 중요하다고 제게 말씀하신 적이 있습니다. 이 유대인 마리아는 우연히 이곳에 있는 것이 아닙니다. 사랑의 상징으로서 선생님이 끌어당겨 온 것입니다."

나는 미스 헬렌 뒤카 쪽을 향했다.

"아인슈타인 선생님은 자연의 영원한 비밀에 아주 조금이라도 알고 들어갈 수가 있다면, 커다란 평화가 주어질 것이라고도 제게 말씀하셨습니다. 일곱 살에 어머니를 여의었을 때, 어떤 구둣방의 미망인이 나를 위로하려고 자기의 조그만 침실에 데리고 가서, 저것과 같은 조각상을 가리키며, '윌리, 어머니란다.' 라고 말했습니다. 그로부터 14년이 지나서 프랑스에서 포로가 되어 있을 때 가톨릭교도인 독일 포로들로부터 파티마에서 마리아가 출현[2]했다고 보도한 신문기사를 번역해 달라고 부탁을 받았지요. 저는 그런 것은 종교의 선전이고 미신에 지나지 않는다며 거절했습니다. 오랜 세월이 흘러서 사실인즉 이전에 아인슈타인 선생님을 만난 직후의 일인데요, 파티마의 마리아상을 보고 가라는 권유를 받았습니다. 그리고 그 앞에 섰을 적에, 그녀는 '집에 어서 가라, 그리고 마음을 돌려라.' 라고 말하고 있는 것 같은 느낌이 들었습니다."

아인슈타인은 작은 책을 돌려주면서 말했다.

"그래서 《Mary and Mocker》라고 했군?"

"이 책은 성모의 출현과 과학적 유물론만 믿었던 어떤 공산주의자에 끼친 영향에 대해서 그린 길고 긴 시의 서장에 지나지 않습니다."

"풀턴 쉰은 위험한 개종자改宗者로 유명하지. 자네는 가톨릭 신자가 되었나?"

침대의 끝에서 미스 헬렌 뒤카가 말했다.

"6년 전, 아인슈타인 선생님을 개종시키려고 한 프로테스탄트 목사를 보낸 것은 당신이지요?"

"절복折伏하려고 이 책을 가져온 것은 아닙니다. 아인슈타인 선생님.

2) 포르투갈의 파티마에서 1917년 5월 13일에서 10월 13일까지 이때 6번에 걸쳐서 세 사람의 양치는 어린이들 앞에 성모가 출현해 중요한 탁선을 했다고 하는 사건. 다수의 군중이 이상한 태양의 움직임을 목격했다는 등 다양한 기적들이 일어났다고 보도되었다.

유대인이다, 가톨릭이다하기 전에 한 사람의 인간으로서 저는 모든 것을 사랑과 이해를 위해서 바치고 있는 것입니다. 우주적 종교에 귀의하라고 저를 부추긴 것은 다름아닌 선생님인데요. 더 상세히 말씀드리면 1930년에 처음 만났을 때이지요."

"알았네. 알았어."

아인슈타인은 빙긋 웃으면서 말을 가로막았다.

"기억을 되살릴 필요조차 없네."

나는 말을 계속했다.

"선생님은 그때, 사람의 마음을 바꾸려면 어떻게 하면 좋은지 제게 물었습니다. 그로부터 20년 이상이나, 그 일을 생각해 왔기에 이번에 선생님과 토론하고자 합니다."

"무엇보다 먼저 자네는 결국 프란체스코회 신도가 되었는가?"

이번에는 내가 빙긋 웃었다.

"그렇습니다. 쉰에게 세례를 받아 조건이 갖추어졌기에 2년 전에 아시시Assisi에 있는 프란시스칸Franciscan의 묘지 앞에서 프란체스코 신도회 제3기[3]에 가입했습니다."

"축하하네."

아인슈타인은 고개를 끄덕였다.

"교회를 개혁하기를 기대하네."

"저도요. 아인슈타인 선생님. 선생님은 교회가 공산주의의 유일한 대항세력이라고 말씀하신 적이 없으십니까?"

"교회가 마침내 국가 사회주의에 대해서도 강력한 반대세력이 된 사실

---

3) 프란체스코 신도회(Franciscan)제3기: 천주교 수도회의 한 종파, 재가신도(在家信徒)의 모임.

은 말할 필요도 없지."

비서가 말을 덧붙였다.

"선생님은 가톨릭교회뿐만 아니라, 모든 종파의 교회를 가리켜 말씀하고 있는 겁니다."

미스 헬렌 뒤카가 재빠르게 보충한데는 놀랐지만, 이 빈틈없는 여성은 가톨릭의 선전으로 이어질만한 어떠한 조짐도 빠트리지 않으려고 하고 있었던 것이다. 그녀는 계속해서 말했다.

"밖에서 기다리는 분들이 있는데요."

"들어오시도록 하면 좋지 않을까."

아인슈타인이 말했다.

"그전에 5분만 허락해 주세요. 선생님."

나는 독일말로 말했다.

미스 헬렌 뒤카에게 미소를 지으면서 이렇게 말을 덧붙였다.

"당신과 선생님과 내가 다 같이 아는 이들의 소식에 흥미가 있으시지요."

# 전쟁 전 독일 지도층의 운명

아인슈타인은 나에게 의자를 권하고, 자기도 앉았다. 나는 말했다.

"선생님은 지성과 똑같이 감성에 호소하는 것이 아니면, 사람의 마음을 바꾸는 것은 쉬운 일이 아니라고 말씀하신 적이 있습니다. 참으로 꼭 맞는 말씀입니다. 수년 전에 비엔나에 있는 인니처Innitzer 추기경과 장시간 이야기한 적이 있어요. 그는 독자적인 행동을 하려 해도 바티칸이 지침을 내리지 않았다고 말하고, 자신이 히틀러를 지지한 입장을 정당화 하려고 하고 있었어요."

"음."

아인슈타인은 고개를 끄덕였다.

"그는 정교조약 정신에 따라서 행동한 것이지."

나는 다시 말했다.

"그렇습니다. 그러나 가족이 가스실에서 죽임을 당한 것을 말하고 감정에 호소하니까, 그는 눈물을 참으면서 자기도 죄의식을 느낀다고 말하면서, 바티칸을 위시해 모든 교회들도 그렇다고 말을 덧붙였습니다."

"감정적 반응에는 거짓은 없지. 지적知的 반응도 때때로 그렇다네."

아인슈타인은 말했다.

"그래도 이 두 가지가 합쳐지면, 흡사 두 눈으로 보는 것처럼 사물이 선명해진다네."

미스 헬렌 뒤카는 침대 끝에 앉아 있었으나, 그것을 보고 망명자에게는 모국어보다 더 좋은 유대紐帶는 없다고 여겼다. 그녀는 조국인 독일에 대한 관심 앞에 커다란 천사의 역할을 포기해 버리고 있었다 두 사람을 보면서 나는 말했다.

"지난번에 독일에 갔을 때 우리들이 알고 있는 사람들에 대해서 직접 정보가 들어 왔습니다."

아인슈타인은 나의 눈을 보았으나 아무 말을 하지 않았다. 나는 말을 계속했다.

"브루어닝이 쾰른 대학에서 정치학을 강의하기 위해서 1951년 독일에 귀국한 것을 알고 계셨습니까?"

아인슈타인은 고개를 끄덕거렸다.

"그는 모든 일에 매국노賣國奴라고 중상하기에, 여생을 평화롭게 지내고 싶어서 미국에 되돌아왔다고 합니다."

"그렇지."

아인슈타인은 말했다.

"나처럼, 그도 포기한 것이 아닐까. 독일은 가르칠 수가 없다네."

나는 말을 계속했다.

"브루어닝에 대해서 음모를 하여, 파펜Papen⁴⁾의 뒤를 이어 수상이 된 폰 슐라이헤르von Schleicher 장군은 1934년의 룀Roehm 숙정肅正으로 살해되었고, 파펜은 위기일발로 살아났습니다. 그는 뉘른베르크 재판5)에 회부되었지만 무죄가 되어, 훗날 독일 법정에서 징역 8년의 선고를 받았을 뿐입니다. 그는 명예를 박탈당해 체면이 손상되었지요. 특히 1949년에 형이 집행정지가 되기는 했지만. 훔볼트 클럽 때부터 잘 알고 있던 인물인데, 히틀러의 신임이 두터웠던 친구 알베르트 스피어Albert Speer는 뉘른베르크 재판에서 20년의 형을 언도받았습니다. 바이마르 공화국을 지키기 위해서 한몸을 바친 인물인데, 군의 무책임한 지도자들을 어느 정도 혐오하고 있었던가를 말해 준 그뢰너Groener 장군은 강제수용소에 수용되기 전에 죽어서 다행이었습니다. 선생님의 친구이기도 한 막스 리버만Max Liebermann도 게슈타포에 체포되기 전에 자기 집에서 평안한 죽음을 맞이한 덕분에 나치의 올가미에서 달아날 수 있었습니다. 베를린에서 있었던 7월 20일의 기념예배 때, 마르틴 니묄러Martin Niemoeller 목사가 말한 것이 흥미롭습니다. '나치시대에 아리아인의 순혈을 지키라고 기를 쓰던 그런 인물들은 의심해야만 된다.' 고 한 것은 모두 가계에 유대인 선조가 있어, 그것을 수치스러워했기 때문일 것이라고 한 것입니다. 선생님의 상대성이론을 유대인 과학이라고 조롱한, 노벨물리학상을 받은 레너드 교수도 이러한 이른바 'Aryan infection' 환자의 한 사람이었다고 수군거리고 있었습니다."

"니묄러는 존경해야만 될 신학자네."

아인슈타인은 말했다.

---

4) 파펜(Papen): 1879~1969, 히틀러 내각의 부수상.

5) 뉘른베르크 재판: 제2차 세계대전 후 독일의 전쟁범죄를 고발하여, 지도자 22인에 대해서 행해진 재판. 1945년부터 10개월간 뉘른베르크에서 개최되었다.

"사회정의에도 몸을 바쳤지."

나는 말을 덧붙였다.

"그는 강제수용소에서 몇 년을 보냈습니다. 제 친구인 프롭스트 하인리히 그뤼버Probst Heinrich Grueber도 그랬습니다. 유대인의 박해와 강제수용소에 보내는 데 반대해, 프로테스탄트와 가톨릭교회의 영광을 위해서 희생된 많은 사람들이 있었습니다. 아쉽게도 그러한 기독교인들은 히틀러와 무솔리니, 그리고 프랑코를 찬미한 신도들의 수에 견주어 볼 때 몇 사람에 지나지 않습니다. 모든 아는 이들 가운데서도 게르하르트 하웁트만은 꼭대기의 자리에서 내리 떨어져, 가장 불명예스런 죽음을 당한 사람입니다. 운명의 장난으로 그는 사랑하는 드레스덴이 폭격당하는 것을 보는 처지가 되었습니다. 드레스덴이 폭격당한 지 1개월 후인, 1945년 3월 말에 있었던 일인데, 그는 독일 사람들에게 보내는 라디오 방송으로 이렇게 호소했습니다. '신이 좀더 인간을 사랑해 주십시오! 죄를 사하여, 더 많은 구원의 은혜를 내려 주시기만 하면.'이라고."

"신에게 죄를 덮어씌우는 것은 너무나 뻔뻔스럽네. 불쌍한 일이지."

아인슈타인이 말했다.

나는 다시 말을 계속했다.

"죽음을 맞아서 그는 실레지아Silesia에 있는 자기 집이 러시아와 폴란드 사람들에게 점령된 것을 갑자기 알게 되었던 것입니다. 그는 임종을 맞이해서 이렇게 부르짖었습니다. '여기는 아직도 나의 집인가?'라고요. 아아, 아인슈타인 선생님, 우리의 동경의 대상이었던 하웁트만은 1913년에 나폴레옹으로부터 해방 전쟁 100주년을 기념하는 특별 극본을 썼습니다. 그것은 인간의 평등과 보편적인 사랑을 묘사한 것인데, 반애국적으로 보였던지 황태자가 금지해 버렸지요. 그 무렵에 견주어, 너무나 타락하고 너무나도 추잡해졌었는지. 나는 아주 서러운 느낌이 들었습니다. 그는 우리들처럼 미국에 와도 이상할 것이 없었던 사람이었는데. 그리고 사회파극 《직공들*The Weavers*》의 작가로서 존경받았을 텐데. 괴벨스에 대해서는 아시다시피, 부인에게 여섯 명의 아이들을 독살시킨 뒤, 친위대에 명령해서 자기 부부를 사살케 했습니다. 제수이트Jesuit 문하생에서 히틀러의 제자가 된 것은 있을 수 없는 변절이지요. 그는 스테펜 조지 서클 Stefen George Circle의 회원이 되고 싶어 했어요. 그래서 그는 시인이라 하기보다는 저널리스트 정도로 불렸습니다. 이에 화를 내어 그는 반유대주의로 돌아섰다고 알려져 있습니다. 헤럴드라고 하는 그의 전처의 아들은 아버지의 죄를 사함받기 위해서 목사가 되었다고 합니다.”

아인슈타인은 말을 막았다.

“산상수훈山上垂訓의 뜻을 애비보다도 더 소중하게 받아들이면 좋을 텐데.”

그는 의자에서 일어서자마자, 창가의 오래된 마리아상 앞으로 나아갔다. 그리고 발길을 돌려 나를 보았다.

“늘 말해온 것이지만, 이로써 증명된 것이 아닌가? 초국가정부가 없으면 안전도 평화도 없지. 이것은 어려운 문제이지! 전에도 말했다시피 우주적 인간의 사상에 따라서 ‘세계청년운동’을 조직해야 된다네. 우리들이 이어받고 있는 반사회적이고 파괴적인 본능에서 해방되지 않으면 안되지.”

“선생님, 사실은 한 가지 계획이 여기에 있습니다. 그것은 안네 프랭크 아카데미를 뿌리로 삼아, 세계청년회의를 설립한다고 하는 것입니다. 루스벨트 부인도 후원자가 되겠다고 승낙해 주셨습니다.”

브로셔를 건네자 그는 취지서를 읽고서 말했다.

"헤르만 박사, 이것은 대단하네. 지금부터 준비에 분발해야만 되겠네."

"그렇습니다."

나는 대답했다.

"자금 모으는 일이 문제입니다. 어찌하든지 암스테르담의 안네 프랭크 집의 정관에 어렵게 나의 안을 상당히 많이 집어 넣었습니다."

아인슈타인은 손가락으로 브로셔를 두드리면서 말했다.

"루스벨트 부인이 지원을 하겠다고 나선 것은 좋은 일이야. 안네 프랭크의 일기에 부인이 서문을 써 주신 것은, 이 유대인 소녀가 미움으로 찢어진 세계 속에서 사랑을 찾아 부르짖는 출판에 커다란 힘이 있었기 때문이지."

"아인슈타인 선생님, 루스벨트 부인이 뉴욕에 오셨을 때, 선생님에 대해서 뭐라고 말씀하셨을 것으로 생각하십니까? 유엔에 자리를 마련해서 인류의 권리장전權利章典 즉, 마그나 카르타Magna Carta를 마련하는 일을 도와 달라고 하자고 했었대요."

# 우주적인 여성들

아인슈타인은 미소지었다.

"자네는 위대한 여성들과 잘 만나고 있군? 헐Hull House의 제인 아담스Jane Addams와도 만났다고 했지."

"기억하고 계시네요."

나는 말했다.

"그리고 자네가 경애하는 엘자 그리고 꾸미지 않는 시스터 내니Sister Nanny도."

"선생님이 그러한 우주적 여성들의 이야기를 말씀하시니까 반갑기만 합니다. 엘자는 1925년에 스톡홀름에서 나단 죄더블롬Nathan Soederblom 대주교의 발의로 독일의 국제연맹 가맹을 축하하는 연설을 했습니다. 대주교는 1926년에 제네바에서 제인 아담스가 주최한 가든파티 자리에서 만났습니다. 그가 여러분들께 말하기를 엘자는 사랑, 무조건의 사랑이야말로 모든 나라들을 세계연합으로 묶을 수 있는 유일한 힘으로 생각하고 있었던 것 같았습니다. 엘자는 세계의 가장 위대한 여성들 중의 한 사람으로 역사에 남을 것이라고 말하고 있었습니다. 제가 잊을 수 없는 것은 그녀가 설립한 난민 집에 살도록 권유해 주었을 적에, 캠브리지에서 건넨 긴 이야기입니다. 그녀는 비엔나에서 숨어 살던 어떤 부부의 이야기를 해 주셨습니다. 슈워츠Schwartz 씨는 성 스티븐Stephen 대성당의 오르간 연주자였습니다. 부인이 유대인이었기 때문에, 히틀러의 비엔나 입성이 있고 난 수일 후, 게슈타포가 두 사람이 묵던 현관문을 노크한 것입니다. 그들은 날이 새기 전에 들이닥쳐 부부를 깨웠습니다. 부부는 옷을 찾아 입고, 다른 유대인 노약자 남녀를 모으고 있던 형무소로 연행되었습니다. 갑자기 슈워츠 부인은 작은 푸들을 잊어버리고 온 것을 알게 되었던 것입니다. 스프를 받았을 적에 부인은 간수에게 자기의 걱정거리를 전했습니다. 즉시 게슈타포의 담당자가 독방으로 찾아오자마자 큰 소리로 '더러운 거짓말을 하는 유대인 년.' 이라 말하고서 문을 난폭하게 잠그고 나갔습니다. 한 시간 후, 그는 되돌아 와서 '개 같은 건 없어!' 라고 말했습니다. '아아, 그렇지.' 라고 그녀는 말했습니다. '당신이 갔기 때문에 숨은 것이지요.' '그럼 같이 가자.' 라고 하기에, 슈워츠 부인은 자택의 침실에 들어가고, 그 사이에 담당자는 밖에서 기다리고 있었던 것 같습니다. 개는 침대 밑에서 몸을 비틀면서 나오자마자 반가운 듯 그녀의 팔 안으로 뛰어 올랐습니다. 형무소에 돌아오자마자 담당자는 그녀로부터 개를 빼앗았습니다. 개를 쓰다듬으며 그는 '내가 돌볼거야. 지금부터 내 개다. 봐라. 심하게 배고파하지 않는가. 네가 인간 이하의 유대인이기 때문이다.' 라고 말한 것입니다. 다음 날 그는 독방에 개를 데리고 오자마자 이렇게 말했습니다. '먹이를 먹지 않는다. 네가 주지 않으면 먹지 않을 거야.' 라고. 그녀는 간수로부터 스프와 고기를 얻어 개에게 주었어요. 이런 일은 그들이 강제수용소에 보내기까지 수일 간 계속되었습니다. 독방에는 역시 배를 채우지 못한 어린이가 두세 명 있었고, 그들은 개가 먹을 고기를 훔치려 했으나, 간수가 쫓아 버린 것입니다. 엘자는 이 이야기 끝에 주목해야 할 의견을 주셨습니다. '헤르만 박사, 만약 나를 존경한다면, Verdun에서 서약한 사랑의 일을 계속해 주세요.' 라고요."

"그것이 이스라엘의 유대인 국가를 내가 지지하는 이유의 하나라네. 유대인들은 이 세상에 성서를 갖게 했네. 유럽 사람들은 유대인들을 향해서 동화해야만 된다고 말하지만, 그것은 나치 뿐만이 아니고 연합국 측도 유대인들과 상용相容하지 않는 것을 나타낸 언동言動이지."

아인슈타인은 말했다.

"유대인들은 이 세상에 '너희는 죽이지 말지어다.' 라고 하는 계율을 갖게 했습니다."

나는 말했다.

"그러나 기독교인들은 흡사 신이 앞서 말한 것을 철회했다고 말할뿐만 아니라, 신약성서는 구약을 무효화했다고 믿고 있습니다."

"이스라엘은 오래가지 않을 거야."

아인슈타인은 말했다.

"세계연방이 성립되지 않으면 말이야. 나는 인류가 교훈을 배우지 않고, 인류의 4분의 3을 멸망시켜 버릴 제3차 세계대전이 일어날 것을 겁내고 있네."

나는 마리아상을 가리키며 말했다.

"그녀는 유대인 여성이었습니다. 지금은 미소를 짓고 있을 것으로 여겨집니다."

"헤르만 박사, 자네는 몽상가夢想家이군."

"그럼요, 모든 위대한 사물은 몽상夢想에서 시작되는 것이 아니었습니까? 처음 만났을 적에, 좀더 잘 알려고 태양광선을 잡으려는 것을 꿈꾸었다고 제게 말씀하셨지요.이것이 상대성이론의 시작이었다고요."

아인슈타인은 빙긋 웃었다.

"그래, 그렇고말고. 그것도 유대인이기 때문에! 만약 기독교인이었다면 나는 전혀 다른 취급을 받았을 거야!"

# 독일 지식인들의 운명

 "아인슈타인 선생님, 선생님의 동료이신 프리츠 하버가 비운에 휩쓸린 것을 아시지요. 1933년 연말에, 비자를 받지 못할 경우에 숨어 살 집을 찾으려고 프랑스 영사관으로 가던 때의 일입니다. 나치의 젊은이가 옮기고 있던 포스터가 눈에 띄었던 것입니다. '아인슈타인에게 죽음을!' '프리츠 하버Fritz Haber에게 죽음을!' '브루어닝에게 죽음을!' 그 당시 저는 몸을 지키려는 뜻에서 철십자 훈장의 약장略章을 옷깃에 달고 있었습니다. 그래서 용기를 내어, 포스터에 갈채를 보내고 있는 대학모를 쓰고 있는 두 사람의 학생에게 이렇게 물었던 것입니다. '프리츠 하버가 왜? 전쟁에서 그렇게 크게 공헌했지 않은가? 노벨화학상까지 받았는데?' 학생 중의 한 사람이, 하버가 공기 속에서 암모니아를 추출하는 방법을 발견한 덕택으로 전쟁이 오래가서, 거의 100만 명의 목숨이 없어졌기 때문에 죽어야 마땅하다고 말했습니다. '자, 자네들은 목에 2만 마르크의 현상금이

걸린 아인슈타인은 어떤가?' 라고 저는 응수했지요."

아인슈타인은 빙긋 웃었다.

"그렇지 않네. 3만 마르크로 올랐다네."

"저는 이 학생에게 말했습니다. '그는 세계대전에서 독일의 침략에 항의하는 선언에 서명했었지.' 라고 하니까, 학생은 이렇게 대답했습니다. '배신자! 게다가 둘 다 모두 유대인들' 이라고."

다시 아인슈타인은 미소지었다.

"희지 않으면 검다. 독일인들은 자기의 입장을 세우기 위해서라면 만사에 대해서 희거나 검거나 어느 쪽이든 간단하게 구분하지. 이것도 알지 못하는 것은 놀랄 일이네. 자기가 무엇을 말하고 있는지, 잘 생각하면 좋은데. '페어 플레이fair play' 라는 개념은 독일의 단어에는 우선 나오지 않는다네."

"그리고 선생님, 하버가 비운의 죽음을 당한 것은 알고 계십니까? 제1차 대전에서 육군 소령으로 조국에 훌륭하게 힘을 다했는데, 그는 목숨을 걸고 도망치지 않으면 안 되었던 것입니다. 하버드에서 스위스 학생으로부터 들은 바에 따르면, 그는 바젤Basel에서 고독한 가운데 죽은 것 같습니다."

아인슈타인은 말했다.

"음, 알고 있지. 그는 이스라엘에 이주하고 싶어했는데, 하지 못했지."

"헬무트 폰 겔락Helmut von Gerlach에 대해서 말씀드리면."

아인슈타인은 말을 가로막았다.

"기억하고 있네. 인권연맹이지. 나치에 붙잡혔던 것인지?"

"아니요, 우연히 만났습니다. 아니, 우연이라 하기보다 파리에서는 당연한 결과라고 말할 수밖에 없지요. 바로 개선문을 찾아 제1차 대전의 무명전사를 참배한 때에 마주쳤어요. 그는 이렇게 말했습니다. '자네나 나나, 이윽고 무명전사로 죽는다. 성서에서 말하는 〈도망자와 방랑자〉이지.' 그 뒤, 그는 파리에서 세상을 떠났습니다. 사회민주당의 지도자였던 루돌프 브라이트샤이트Rudolf Breitscheid인데요, 파리에 망명해서 저의 경고를 무시하고 그곳에 머물렀기 때문에, 나치에 구인되어 강제수용소에서 죽었습니다."

"그 이야기를 듣고 보니, 평화로운 벨기에의 온천휴양지에 있었을 때까지도, 비밀공작원이 따라붙어 애를 먹이던 일이 생각나네. 머무르고 있는 중에 벨기에 국왕이 나의 신변을 경호해 주었지."

아인슈타인은 말했다.

"최후에 헤르미나 황후의 일인데요, 히틀러가 '공산주의자들의 아우게이아스Augean 왕의 마굿간을 없앤 새벽에 구 세력이 다시 일어날 것'을 이유로 히틀러에 투표해야만 된다고 한 것은, 기억하고 계시지요. 알아차렸을 때는 이미 때가 늦어서, 그녀는 하웁트만처럼, 더 나쁜 운명에 빠져든 것입니다. 그녀는 하르츠Harz 산에 거처하고 있던 성에서 연행되어 수천 명이나 되는 러시아 병사들이 죽은 독일 강제수용소에 대항해서 만들어진 러시아인 수용소에 수용된 것 같습니다. 뒤에 신원이 알려지자 러시아인의 감시 하에서 점령지에 있는 집에 오랫동안 유폐幽閉되었지요. 그녀는 독살이 두려워서 식사도 하지 않고, 자책감에 사로잡혀 만성 위병으로 고독한 가운데 서서히 죽음을 향해 갔던 것입니다."

아인슈타인은 말했다.

"괴테가 '불러내 버린 망령은 이젠 쫓아낼 수 없다.' 라고 말한 것은 옳았네. 이전에 몇 번이나 말했던 것처럼 '옳지 못한 수단을 정당화 할 수 있는 숭고崇高한 목표들은 없다.' 는 이유이네."

나는 서러웠다.

"정말로 독일 사람들의 마음을 진보시킬 방법은 없을까요? 호이스 Heuss[6] 대통령이 나에게 될 수 있으면 선생님의 기분을 바꾸도록 노력해 주기 바란다고 했어요. 그는 지금도 선생님을 가장 위대한 독일 사람으로 여기고 있고, 어떠한 보상이라도 할 각오라고 말했어요."

"자네를 매개로 해서 부탁한다는 것은 좀 놀라운 일이네. 그렇지만 안 돼. 나는 벌써 독일 사람이 아니네."

아인슈타인은 껄껄 웃었다.

"자네는 라인 지방의 사람이네. 그 느낌이 좋은 억양과 미소는. 그러나 똑같이 미소지을 생각은 없네. 독일인이 유대인들을 대량 학살했기 때문에, 독일의 모든 공적인 기관과는 일체 관계를 가질 수 없다고 호이스에게 전해 주게."

"근간에 비쉬Vichy 정권[7] 하의 프랑스에서 독일대사였던 오토 아베츠 Otto Abetz의 회고록을 읽었습니다."

"그는 지금 복역 중이었지?"

아인슈타인이 물었다.

"네. 천년제국이 붕괴된 후, 프랑스군에 의해서 독일에서 체포되어 20년 형을 선고받았어요. 그의 학구적 정신과 면밀한 수법의 덕택으로 이 책은 지적인 작품으로 만들어져 있습니다. 그러나 독일 사람의 작품입니다. 그 지성의 껍질을 벗기면, 선생님이라면 그 밑에서 무엇을 발견할 수

---

6) 호이스(Heuss): 1884~1963, 독일 연방공화국의 초대 대통령.

7) 비쉬(Vichy) 정권: 비쉬는 프랑스 중앙부에 위치한 고원지대의 온천 도시인데, 제2차 대전 때, 프랑스가 독일에 항복한 후, 페탕 내각이 수도를 이 도시에 옮겼기 때문에 이를 비쉬 정권 이라 한다.

있을까요?"

"넘칠 정도로 충분히 알고 있지. 독일의 지식인들이란 오랫동안 사귀어 왔기 때문에. 물론 예외는 있네. 예를 들면 폰 라우에von Laue[8]이지."

아인슈타인은 껄껄 웃었다.

"게다가 르만과 몇천 명이나 되는 레지스턴스resistance[9] 활동가들을 잊어서는 안 됩니다."

아인슈타인은 괴로운 심정으로 말을 가로막았다.

"그러나 그들은 무관심한 대해大海 속의 양심의 한 방울 물에 지나지 않았지!"

"오토 아베츠가 역사에 있어서 공정하고 정확하게 하려고 노력한 점에 대해서는 경의를 표하고 싶습니다만, 그에게는 양심이 결여되어 있었어요. 인류에게 중요하다고 가르쳐 주셨던 외경畏敬의 마음이 모자랐습니다. 결코 잊을 수 없는 한 구절이 있습니다. 그것은 히틀러와 리벤트로프Ribbentrop의 덕택으로 면목을 잃었다고 적고 있는 부분인데, 이는 자기 때문에 그들이 면목을 잃게 된 것이 아니라고 덧붙이고 있습니다. 그리고 폰 스튈프나겔von Stuelpnagel 장군들이 히틀러 암살모의에 참가했던 파리의 구 수뇌들로부터 받은 저녁 만찬 초대에는 응하고 있었지만, 의례적인 것으로서 결코 자기의 입장은 그들에게 밝히지 않았습니다. 그리고 마음에 표리表裏가 있는 프랑스의 정치지도자들에 대해서 기술하고 있는데, 정말로 자기는 어떠했을까요? 그는 히틀러를 나폴레옹과 견주어서 두 사

---

8) 폰 라우에(von Laue): 1879~1960, 1914년 노벨물리학상을 수상한 독일의 이론 물리학자.
9) 레지스턴스(resistance): 제2차 세계대전 중에 독일 점령 하에 있었던 프랑스 국민들은 광범한 인민전선을 구축해서 독일의 침략전쟁에 저항했다. 그 뒤, 각국 국민에 의한 침략자에 대한 저항 운동을 지칭하게 되었다.

람의 위대한 공적은 평화의 구축에 있었다고 하고 있습니다."

아인슈타인은 날카롭게 말했다.

"나폴레옹은 유대교의 회당synagogues[10]을 불태운다든지 하지 않았네. 그뿐만 아니라 정의와 만민의 평등을 기본으로 한 법률서를 유럽에 가져 왔지."

"오토 아베츠의 책 속에서 가장 슬픈 이야기는 독일대사관 직원인 폰 래스von Rath를 죽인 그린스펀Grynszpan 사건을 거론한 부분입니다. 이 10대의 유대인 젊은이는 양친을 폴란드로 강제송환한 원한을 풀려 했다고 적혀 있습니다. 오토 아베츠는 젊은이를 하수인으로 이용한 공범자의 수사는 성공하지 못한 것으로 기록함으로써 자기의 양심의 일단을 나타내고, 다른 장에서도 또 젊은이의 단독범행이었는지 아니었는지를 몰랐다고 주장하고 있습니다. 그가 자신을 정당화하려 하고 있는 것은 특별히 심리학자가 아니더라도 알 수 있습니다. 나는 수년 전, 제1차 대전의 전선에서 전공으로 십자훈장을 독일대사관에서 받았을 적에, 그의 전임자인 롤랑Roland Koester 박사는 특별한 훈련을 쌓은 나치의 공작원을 증원해서 대사관 직원을 증원하도록 지방장관인 바그너Wagner로부터 강요당하고 있었어요. 롤랑 박사는 내게 공작원으로부터 사악한 목적에 이용되지 않도록, 장래에 다시 독일에 돌아갈 허가를 부여할 것을 보증할 테니까 영국으로 도망치라고 말했어요. 그는 자기의 목숨도 위태롭다고 밝혔어요. 그는 바이마르 공화국 시대에 임명된 대사이고, 민주당원이었기 때문이었지요. 그는 뒷날 기묘한 만성위병으로 프랑스의 병원에서 돌아가셨습니다. 독살되었다고도 수군대고 있었지요."

---

10) 유대교의 회당(synagogues): 유대인들의 예배, 집회를 위해서 지은 건물로 종교뿐만이 아니라 문화·교육·사회활동의 중심으로서 기능을 겸했다.

아인슈타인은 고개를 끄덕였다.

"후임 대사는 베개를 높여 잠자는 방법을 알았다고 하는 뜻이지."

"독일 사람들의 애국심이 어찌해서 개인의 양심이 소귀에 경 읽기식인지 저는 불가사의하게 생각하지 않을 수 없습니다."

"그렇지."

아인슈타인은 말했다.

"니체는 이렇게 쓰고 있다네. '기억의 주장을 자존심이 허락하지 않는 경우, 기억은 그 주장을 철회해 버린다.' 라고."

"히틀러는 그린스펀 사건을 구실로 유럽 점령지의 유대인들로부터 수백만 마르크의 금화를 위협해서 빼앗았던 것입니다. 미국에서 만났던 어떤 망명자들은 뒤러의 밑그림을 자기의 컬렉션에 더하는 대가로 가족의 안전을 보장하려고 괴링이 들고 나왔다고 말하고 있었습니다."

아인슈타인은 빙긋이 웃었다.

"그렇지. 내가 미국으로 출국하니까, 은행 예금과 전 재산을 몰수해 버렸네. 틀림없이 내 집에서 무기가 발견되었다는 구실로 말이야."

나는 말을 계속했다.

"오토 아베츠의 불쌍하기까지 한 주지주의主知主義는 국회가 불타 버린 후에 방문한 독일 지식인들을 생각나게 했습니다. 1930년에 독일은 마음을 바꾸어 가짐으로써만이 구원 받을 수 있다고 말씀하셨지요. 저는 지식인들에게 화재火災를 목격한 사실, 그리고 그것은 괴링이 게슈타포에게 거들게 해서 폰 데어 루베von Der Lubbe라고 하는 직장을 구하기 위해서 유럽을 방랑하며 돌아다니던 젊은 네덜란드 사람을 하수인으로 시켜서 저지른 것으로 확신하고 있다고 하면서 돌아다녔던 것입니다. 히틀러는 '이는 교활하게 잘 다듬어진 음모다.' 라고 절규하여, 스스로 마각馬脚

을 드러냈던 것입니다. 그리고 괴링은 후일에 어떤 기자를 향해서 '방화범은 단독이 아니다! 경찰의 보고서는 잘 되었는지는 모르지만, 내가 의도하는 바와는 다르다. 이것은 공산주의자들의 봉기 전조이고, 놈들 전원을 체포할 것이다.' 라고 한 기자의 기록을 움켜쥐고서 고함쳐 퍼뜨린 것입니다. 1935년에 저는 사촌 형제인 뒤셀도르프Duesseldorf에서 제일가는 변호사이면서 라이프치히Leipzig에서 개최된 폰 데어 루베 재판을 방청한 아더 볼프Arthur Wolff 박사와 이야기했습니다. 재판에서는 그의 친구가 변호인으로 일했습니다만, 폰 데어 루베에게는 항상 약물이 투여되어 있었고, 말하기도 쉽지 않은 상태가 자주 있었다고 했어요. 사촌은 음모에 가담했다고 해서 고발된 공산주의자의 변호를 했기 때문에 어쩔 수 없이 망명을 하지 않을 수 없었습니다. 몇 년이 지난 뒤에, 폰 래스의 형제가 비스바덴Wiesbaden에서 제게 그린스펀은 반유대주의에 비판적이었던 폰 래스를 없애기 위해서 게슈타포에게 이용되었던 것으로 본다고 말해 주었습니다. 이 사실은 폰 데어 룹버von Der Lubberk가 국회 방화에 이용되고, 게다가 게슈타포가 저를 위시해서 20명의 원래 독일군 제일선 병사의 망명자들에게 총통의 보호 하에서 귀국할 수 있도록 독일 여권을 새로이 발급한다고 약속해서, 특수 임무에 이용하려고 한 것을 보면, 별로 놀랄 일은 못 됩니다. 제가 오늘날까지 살고 있는 것은 영국 망명을 권해 주신 롤랑 박사님의 덕택입니다."

잠시 시간이 흐른 다음 아인슈타인이 말했다.

"내 생애 최대의 비극은 양심에 관계되는 결정을 해야할 처지에 놓였을 때, 과학자와 종교지도자는 안전을 위해서 국가와 타협한다는 것을 발견한 것이네. 이미 나는 늙었어. 대단히 유명해지기는 했지만 아주 서글픈 느낌이네."

돌연히 나는 친구들을 밖에서 기다리게 한 것이 떠올라 아인슈타인에
게 말했다.

"아인슈타인 선생님! 깜박 잊었습니다. 손님을 밖에 기다리게 했습니
다."

# 세계연방정부 구상

"별실에도 손님들이 기다리고 계십니다."

의자에서 일어서면서 뒤카 양이 말했다. 그 책망하는 것 같은 시선이 나의 시선과 마주쳤다. 그녀는 당연히 아인슈타인의 충실한 수호자였다. 그녀가 선별하지 않으면 아인슈타인은 밤낮을 가리지 않는 방문자로 손을 들어버리는 상태가 되어버린다. 그러나 나도 데리고 온 학생에 대한 의무를 다하지 않으면 안 된다. 나는 아인슈타인이 결정해 주기를 바랐다. 그래서 일어서면서 말했다.

"아인슈타인 선생님, 사실은 젊은이 한 사람을 데리고 왔습니다. 물리학을 전공하는 학생입니다. 그는 아주 낙담하고 있는데, 도와주실 분은 선생님뿐입니다."

"내가 말인가?"

그는 눈을 크게 떴다.

"이리로 데리고 오게."

"그의 부친도 와 있습니다만⋯⋯."

"관계없으니 둘 다 들어오도록 하게."

방을 나서면서 내가 말했다.

"지금부터는 영어로 말하지 않으면 안 됩니다."

아인슈타인은 웃으며 대답했다. 그리고 우리들 세 사람이 우르르 들어가니까 그는 흡사 마중하듯이 빌쪽에 손을 내밀면서 다가왔다. 간단히 소개를 마친 뒤, 나는 팻도 같이 이야기하도록 애를 썼다.

"아인슈타인 선생님, 전에 만난 이래로 에너지에 대해서 생명력, 혹은 파동이라고 불러야 좋을지 자주 망설이는데요."

아인슈타인은 말했다.

"물질에는 영속성永續性은 없지만 에너지에는 있지. 에너지와 결합된 물질이 우주의 실체이지."

나는 기록할 종이를 꺼내어 중요한 말들을 기록해 나가기 시작했다.

"상대성이론은 말이야⋯⋯."

그는 말을 계속했다.

"시간과 공간이 절대적으로 독립된 것이라고 하는 뉴턴의 이론을 폐기하고, 그 대신 그들이 일체의 것이라고 주장하고 있지. 몇 년이나 생각한 뒤에 나는 뉴턴의 중력개념重力槪念을 버렸네. 나의 중력이론重力理論은 혹성惑星 운동에 알맞은 배경을 가져오는 시공통일체의 만곡彎曲을 가정했어. 혹성이나 성운星雲 및 광선들의 천체는 측지선測地線 위를 운동하고 있지. 이 만곡彎曲된 시공통일체의 가운데 두 점을 잇는 가장 짧으면서, 게다가 가장 저항이 적은 진로를 따르게 되는 이유이지."

나는 팻 쪽을 보고 무엇인가를 말하라고 눈으로 재촉했다. 다행스럽게도 그는 이렇게 물었다.

"이것을 최소운동最小運動의 원리라고 부르고 계셨지 않습니까? 학교에서 읽었던 기억이 납니다만."

"바로 그거네."

아인슈타인이 대답했다.

"그것은 최단 시간과 최단 거리의 원리라는 뜻이지."

그리고 그는 어린이의 구슬 놀이의 비유를 들어 이야기를 했다.

"인간에 대해서도 통용되는 원리이군요."

이번에는 나의 의견을 말했다.

"이성理性보다도 잠재의식의 명령에 따라서 움직이고 있는 쪽이 훨씬 더 많다고 하는 원리입니다. 심리저항최소의 원리라고나 할까요."

아인슈타인은 말을 덧붙였다.

"상상력과 감정이 지배하고 있으면 자유의지와 이성은 저항할 수 없을 거야."

우리들은 내내 서 있었기 때문에, 아무래도 불안해서 아인슈타인이 자리에 앉도록 권해보려고 생각했다. 그런데 그렇게 말하려다가 이 생각은 잘못이라는 것을 알아차렸다. 이전에 목사와 두 조카를 데리고 방문했을 적에도 똑같은 경험을 했기 때문이다. 뒤카 양은 나의 의도를 알아차렸는지 우리들에게 친절하게 의자를 권해 주었다. 나는 들뜬 기분에 편승하여 염치없이 말했다.

"미국의 러시아인에 대한 자세가 학계를 둘로 나누고 있습니다만, 선생님은 어느 편에 속해 있으십니까?"

"나는 개인의 규격화를 믿지 않고 있기 때문에."

아인슈타인은 대답했다.

"세계정부의 기본원칙에 대한 한, 러시아인의 자세는 너무 심하지. 그러나 우리 쪽도 똑같네. 일찍이 미국, 영국 그리고 러시아 3국이 군사력을 하나로 뭉쳐서 그것을 담보로 해서, 초국가정부의 기초를 구축하도록 제안한 적이 있지. 그 후부터 작은 나라들을 참가하게 하는 거야. 이 정부기구는 소수자가 다수를 지배하는 나라에 개입할 권리를 갖지 않으면 안되네. 원자력 시대에 있어서 자유를 보장하는 최선의 방법이 세계연방이라고 지금까지도 확신하고 있네."

"그 세계정부는 원자폭탄을 가져야만 될까요?"

"핵무기의 국제관리가 제안되어야 할 것은 말할 여지도 없고, 핵무기는 폐기해야만 되지. 그렇게 하면 무조건으로 국제관리 하에 둘 합의가 된 사실과, 더 나아가 우리들이 거래도 협박도 위협도 할 생각이 없다는 것이 러시아에 전해지게 될 거야. 인류를 지키는 최선의 방법을 알고 있는 것은 세계정부이기에 무한한 통치권력을 가져야만 되지. 산하의 국가가 갖는 것은 제한된 통치권만으로 해야만 되지."

"그러나 러시아는 거부하겠지요? 선생님의 안을 기각했기 때문에요."

"그들은 모든 나라가 자유로우면서 독립된 선거에 의해서 세계정부의 대의원을 선출한다고 하는 나의 안을 일소에 부쳤다네. 그러나 그들의 불신도 이 나라에서 흑인들이 평등한 권리를 향유하고 있는가 묻는다면 할 말이 없지."

"내가 알고 있는 한."

빌이 이야기에 끼어 들었다.

"그들은 아쉽게도 자기들의 국가주의를 포기하고 초국가주의로 갈아탈 생각은 없는 것 같아요."

# 양심과 윤리관

"지금 국가주의가 위험한 것은 러시아보다도 미국이라고 보네."

아인슈타인이 말했다.

"미국을 공산주의로부터 방위한다는 구실로 비 미활동위원회 (Committee on Un-American activities)는 마녀사냥의 수단에 호소하여, 이전 대전에서 공적이 있는 몇 사람의 장군까지도 해치워 버릴 조짐이네. 이 공산주의에 대한 공포감 조성은 심리적 위장공작인 것으로 여겨지네. 그것은 히틀러가 패거리로부터 자기의 권력을 지키기 위해서 외부의 위험을 강조한 수법이지. 공산주의든 기독교인이든 나는 어떠한 전체주의 체제에도 반대하네. 나는 인간의 마음 폭이 넓음을 믿고, 그 자유로운 발전을 위해서 신명을 걸고 있어. 마음의 자유로운 발전은 관행에 묶이지 않고 사람이 이성의 통제력을 신뢰했을 때에만 비로소 가능하게 되지."

빌이 물었다.

"그러면 이성을 가지지 않으면 어떻습니까?"

"그래도 양심은 있지요."

내가 반론했다.

"양심이라고……."

아인슈타인은 깊이 생각하는 듯 목을 좌우로 돌렸다.

"히틀러는 양심은 유대인의 발명품이라고 말해서 최고의 찬사를 우리 유대인에게 선사했지. 불행하게도 양심은 형편에 맞게 해석되어 악용될 때도 있어."

나는 말했다.

"양심은 존재하지만, 때때로 집단사고集團思考에 매몰되어 버리는 것입니다. 집단생활에서 우리들은 용인될 수 있는 것과 되지 않는 것을 배웠습니다. 사람은 이렇게 해서 소속된 집단의 지시에 따라서 선악의 감각을 발달시키는 것입니다."

빌은 나치 친위대가 기계처럼 사람을 죽이고도 양심의 가책을 느끼지 않도록 젊은이를 교육할 수 있었기에 양심이 침묵할 수 있음이 명백하다고 말했다.

"바로 그렇소!"

내가 말을 덧붙였다.

"몇백 명이나 되는 사람들이 하룻밤 사이에 죽음을 당한 피의 '룀 숙정肅正'의 결과 히틀러는 아무런 항의도 받지 않고 '오늘 나는 독일 사람의 양심이 되었다.'라고 연설할 수 있었던 것입니다."

아인슈타인은 다른 사람이 말할 틈을 주지 않고 말을 덧붙였다.

"이 경우, 나치의 위장된 양심은 죽이지 않는다고 비난하게 되는 것이지."

이야기를 하고 있는 사이에 아인슈타인의 눈은 빛나고 있었으며, 대화에 참가하라고 재촉하는 듯 몇 번이나 팻 쪽에 시선을 던졌다.

나는 기록한 것을 힐끗 보았다. 아직 확인하지 않은 '중상, 모략'이란 항목을 발견했다.

"이 미국의 마녀사냥은 선생님에게도 적용되었지요?"

"그렇지."

아인슈타인은 얼굴을 긁으면서 대답했다.

"붉은 딱지를 붙이려는 의회 위원회의 소환을 내가 거부했더니 그들은 나를 공산주의자들의 전위조직의 동조자라고 낙인찍었지."

"그렇지만 러시아를 찬양한 적이 있었지 않습니까?"

내가 물었다.

"자기를 위해서 선택할 자유의지를 억압함으로써 인간의 군거본능群居本能을 늘리려고 하는 어떤 체제도 찬미한 적은 없네."

"선생님이 마르크스[11]와 레닌을 찬양한 책을 읽은 적이 있어요."

"마르크스가 사회정의의 이상理想을 위해서 자기를 희생했다고 말했을 뿐, 그 이론이 옳다고까지는 하지 않았네. 그리고 레닌인데……."

그는 여기서 조금 생각했다.

"나를 탐탁지 않게 여겼지."

갑자기 그는 화가 난 것 같은 모습이었다.

"사상의 자유, 표현의 자유, 군대에 가지 않을 자유, 기계로부터의 자

---

11) 칼 마르크스(Karl Marx): 1818~1883, 독일의 경제학자·철학자. 변증법적 유물론에 의한 과학적 사회주의의 창시자. 학구생활을 단념하고 신문의 주필이 되어 사회의 모순된 구조에 눈을 뜨게 했다. 파리에 망명 중에 엥겔을 알게 되어 공동으로 '공산당 선언'을 1848년에 발표했다. 대표적인 저서로는 《자본론》(전3권)이 있다.

유를 위해서 그렇게 오래도록 싸워 온 내가 어째서 공산주의자라고 불리지 않고는 안 된단 말인가?"

"아인슈타인 선생님."

나는 말했다.

"선생님이 무신론자라고 하는 소문이 나돌고 있는데……."

담뱃대를 물면서 아인슈타인은 눈을 다른 곳으로 돌리고서 빙긋이 웃었다.

"이 문제는 전에도 화제話題가 되었지 않았던가?"

"선생님은 신은 근본법칙Urgesetz, 또는 법 중의 법이라 말할 수 있다고 하셨습니다."

"그렇게 부르는 것이 잘못인가? 사람들은 신에게 자기가 믿는 어떤 지배력의 이름을 붙여도 좋았을 텐데. 그러나 무엇을 말하고 싶었을까? 생각하고 있는 것을 말해 보게나."

"선생님, 미국도 스스로 그렇게 부르고 있는 기독교 국가에서는 교육자가 '우주적 종교'를 제창하는 것은 위험합니다. 기독교에서 가르치고 있는 윤리규칙을 우롱했던 버트란드 러셀이 어떤 변을 당했던가를 생각해 보세요."

아인슈타인은 빙긋 웃었다.

"웃을 일이 아닙니다. 아인슈타인 박사님. 중상자는 항상 만반의 준비를 하고 있습니다. 히틀러는 《나의 투쟁》에 이렇게 적어 놓았습니다. '자그마한 거짓말이라면 늘 있을 수 있지만, 큰 거짓말을 하면 대중은 그런 거짓말을 날조해 낼 만큼 사람의 마음이 악하지 않을 것으로 여겨서 그 거짓말 중 어느 정도는 참말이라고 믿어버린다.' 라고 했습니다."

그리고 나서 주머니에서 몇 장의 종이를 끄집어내고서 말했다.

"선생님에 대해서 다른 기사들을 모았어요."

뒤카 양이 말을 거들었다.

"아인슈타인 박사님이 그런 중상모략에 대해서 '증오의 화살이 나에게 돌아오고 있다. 그러나 지금까지 맞아 떨어진 일이 없다. 전혀 관계가 없는 다른 세계의 것이기 때문에' 라고 적은 것을 읽으셨겠지요."

나는 이의를 제기했다.

"선생님이 중상에 관심이 없다고 말씀하셔도 세상은 그렇지 않습니다. 일반 미국 사람들은 말할 것도 없고, 선생님에 대해서 편견을 가진 학생들도 많이 만났습니다. 저는 그런 기사를 쉰 주교에게 보여드렸습니다. 알다시피 몇백만 명이나 되는 시청자들을 앞에 두고 매주 TV에 나오는 인물입니다."

"알고 있네."

아인슈타인은 고개를 끄덕였고, 그의 눈은 빛났다.

"주교는 소란스런 개종자改宗者인데, 나의 우주적 종교에는 관심 없지."

"쉰 주교는 반유대적인 말을 비판하고 있으며, 선생님을 공격하는 사람들에게 TV에 응하게 할 생각입니다. 그는 자발적으로 편지를 썼겠지만 부탁을 하지도 않았는데도 그렇다고 하면 뒷날 오해를 받지 않을 수 없다고 여기고 있었습니다."

아인슈타인은 웃고 나서, 재떨이에 탕탕 파이프를 털었다. 나는 말을 다시 계속했다.

"권력자가 빵 대신에 보여 줄 것이 필요하다고 여길 때마다, 항상 구성원 한 사람의 행동 때문에 박해를 받는 것은 소수파의 비극입니다. 히틀러가 유대교 회당에 불을 질러 놓고, 전 독일을 수정水晶의 밤[12]으로 역사에 남는 불꽃 무대로 변하게 해 버린 것을 잊지 않으셨지요. 그런 짓거리와 분서焚書 같은 일이 이 땅에서도 일어나지 않을까요?"

"그렇다고 하더라도 나 때문은 아니야!"

아인슈타인이 갑자기 말했다.

"선생님을 보고 있으니 나는 하려고 해도 할 수 없는 존재이기 때문에, 늑대의 입장에서도 나는 값어치 없는 것으로 여긴 새끼 양 이야기가 떠오르네요."

나는 그가 앉은 쪽으로 몸을 내밀었다.

"선생님의 장서藏書는 베를린에서 불탔습니다. 그 현장에 있었습니다. 그런데 어떤 학생이 커다란 혁장革裝으로 된 그림이 그려진 구약성서를 불 속에 집어넣었어요. 제가 그것을 주우려고 다가가자 '잠깐 있어, 그놈은 히브리어Hebrew 번역물이구나.' 라고 그는 소리쳤습니다."

아인슈타인은 쓴 웃음을 지었다.

"물론 그것은 독일 책이 아니지. 우리 유대인들이 이렇게도 미움을 받는 이유의 하나는 세상에 성서를 가지게 했기 때문이지."

나는 물고 늘어졌다.

"미국을 위해서 신神과 러시아에 대해 확실하게 소신所信을 말씀해 주세요."

"하아! 그럼 신에 대해서 말하지. 교회의 권위에 근거한 신의 개념은 어떠한 것도 받아들일 수 없네."

아인슈타인의 눈에는 어두운 불꽃이 타고 있었다.

---

12) 수정의 밤: 1938년 11월 9일에서 11일에 걸쳐서 행해진 나치에 의한 전국적인 유태인 박해. 수백의 유대교회에 불을 지르는 등, 대규모의 살해, 투옥, 약탈, 파괴가 연이어 일어났다.

"기억하고 있는 한, 나는 대중교화에 분노를 느껴왔어. 맹목적인 신앙에 있어서의 삶과 죽음에 대한 공포는 믿지 않네. 인간적인 신은 존재하지 않는다고 증명할 수는 없지만 그러나 그 신에 대해 말한다면 나는 거짓말쟁이가 되어 버리고 말지. 권선징악勸善懲惡의 신은 믿지 않아. 나의 신은 자기가 만든 법칙에 그 모든 것을 맡기고 있네. 그의 우주를 지배하는 것은 인간의 달콤한 원망願望들이 아니고 변치 않는 법칙이지."

나는 말했다.

"신에 대해서는 내 나름대로 불가사의하게 여겨왔습니다. 폰 룬트쉬데트von Rundstedt와 폰 파펜von Papen 같은 독일의 장군들과 많은 외교관들이 모두 열심히 교회에 다니는 사람들이면서 히틀러를 지지한 사실을 생각하면 더욱더 그렇습니다."

"교회에 다니는 사람이라고 해서 반드시 윤리관을 가지게 되는 것은 아니지."

아인슈타인이 중얼거리는 듯 말했다. 그러고 나서 머리칼 한 주먹을 잡아당기면서 이렇게 말했다.

"러시아 사람들에게는 민주주의적 생활습관이 법과 도덕에 기초한 것이고, 그들의 자유로운 발전을 방해하지 않는다는 것을 알려 줄 필요가 있어. 그러나 그와 동시에 우리들도 그들을 겁내고 있지 않음을 알려 주지 않으면 안 되지. 서로가 서로의 존속存續에 필요함을 납득케 하지 않으면 안 되네. 그들도 핵전쟁에서 살아남고 싶으면 세계정부의 창설에 손을 내밀지 않으면 안 되는 사실을."

"선생님은 지혜의 법정法廷을 설립하려 했었지요?"

이번에는 빌이 물었다.

아인슈타인은 그렇다고 말하고, 하버드 대학 창립 300주년 기념식장에서 그것이 논의된 것을 설명했다.

"중세의 소르본느 대학처럼, 그곳은 윤리와 도덕을 보급하는 중심이 되었지. 그와 같은 지혜의 중심지는 사람의 양심을 대표하고 세계정부의 선구先驅가 될 수 있을 거야."

"그러나 국가관이 방해가 되지 않을까요?"

내가 물었다.

"국가관을 바꾸는 것이 한 사람 한 사람의 의무지. 국가는 인간의 양심에 이것저것 지시할 권리는 없어."

# 지성知性이여, 안녕

잠시 있다가 내가 말했다.

"아인슈타인 박사님 러시아는 아직 태세가 갖춰지지 않았지요?"

"그러면 우리들만으로 세계의회를 만들어야지. 러시아와 중국은 마침내 따라오지 않을 수 없을 것이네. 거의 대부분의 나라들은 금후도 이성과 탁월한 감각을 가질 것이므로, 마침내 공산권도 세계정부의 구성원이 되는 방법을 선택할 것으로 보네."

"유엔은 세계정부로서 기능할 수 없습니까?"

"아마도 안 될 것이네."

아인슈타인이 말했다.

"가입한 나라들이 제멋대로 무장을 하고, 핵무기를 갖고 있기 때문이지. 그러니 우리들의 생각을 바꾸고 사람들의 마음을 바꾸는 일이 가장 중요하지. 자기의 양심에 따르는 우주적 인간을 만들지 않으면 안 된다네. 자네는 Verdun에서 자신의 양심을 만났네. 자네야말로 바라지도 않은 인물이야! 교섭으로는 무리겠지. 우리들 모두가 순수한 마음과 순수한 의지를 갖지 않으면 안 된다네. 한 나라가 그 연구 성과를 다른 나라에 대해서 감추어 두려고 여기는 것은 어리석은 일이지. 과학적인 발견을 서로 나눠 갖는 것이 최고의 지혜야. 세계정부와 원자폭탄의 국제적인 관리 이외에 선택의 길은 없어. 그러지 않으면 모든 것은 끝이네."

"그렇지만 정치가들이 이런 중요성을 인식하지 못하고, 국익과 군비확장 경쟁을 계속한다면 어떡하지요?"

내가 물었다. 그리고 나서 말을 계속했다.

"저는 사회학자로서 말하고 있습니다. 그리고 저의 스승이신 프란츠 오펜하이머Franz Oppenheimer의 가장 중요한 소신의 하나는 '정치권력을 강화할 목적으로 국가와 동맹하는 집단은 군대와도 동맹하고 있다.' 라고 하는 것이었습니다. 히틀러가 장교단과 동맹하지 않았다면 나치가 권력을 잡을 수 없었겠지요. 그는 전쟁을 위해서 장군들이 필요했습니다. 그는 황제와 귀족들에게 영지領地의 유지를 허락하고, 폰 힌덴부르크 대통령의 토지 증여에 얽힌 비리까지도 없었던 것으로 했던 것입니다. 히틀러는 또한 크룹과 스틴네스 그리고 타이쎈 등의 대실업가들과도 동맹해서 그들이 돈벌이 하고자 하는 군수사업을 약속했어요. 현재 워싱턴에 있어서도 이러한 정치가들과의 집단적 유착이 똑같은 위험을 초래하고 있어요. 이른바 방위산업에 아주 많은 기업들이 관계되어 있어요. 종업원들도 재미있는 이야기들을 잃어버리게 될 뿐만 아니라 전직轉職까지도 쉽지 않은 형편입니다."

아인슈타인은 고개를 끄덕였다.

"무책임한 사기업들이 너무 많아. 기성 세대들이 생각과 가치관을 바꿀 수 없다면, 젊은 세대와 내일의 정치가들에게 호소해서 그들의 세계정부 설립을 원조하지 않으면 안 된다네. 헤르만 박사, Verdun에서 살아남은 사람으로서 자네는 젊은 세대에게, '장래에 싸움터에서 죽게 되는 것은 자신들이다.'라고 하는 사실을 의식시키지 않으면 안 된다네."

"아인슈타인 선생님, 제가 의식하는 것은 풀턴 쉰의 일입니다. 선생님은 그를 전과前科가 있는 개종자改宗者라고 말씀하셨습니다. 저는 그의 도움으로 가톨릭 교리를 배워서 다시 유대인다운 사람이 된 것입니다. 아시다시피 저는 퀘이커(Society of Friends) 신자이고, 신교도에다, 그리고 요가 수행자이기도 합니다. 게다가 선생님과 접촉하게 된 덕택으로 우주적 인간을 만들게 된다면, 먼저 우주적 종교에 대해서도 무엇인가를 붙잡지 않으면 안 된다는 것입니다. 쉰 주교가 수년 전에 워싱턴에서 제게 이렇게 말했습니다. '교회는 결코 세상과 조화하지 않는다. 이스라엘도 마찬가지다. 둘 다 세상으로부터 단절되어 살아가는 것이 천명天命이기 때문에.'라고 말입니다."

아인슈타인이 말했다.

"그렇게 말하지만, 로마 법왕은 '반反 그리스도'와 손을 잡고 말았어."

"그렇지요. 선생님의 흰 머리칼은 멋을 부린 것이 아니지요. 선생님은 예언자이십니다. 이 사태를 훨씬 전부터 미리 알고 계셨지요."

아인슈타인은 손으로 털어 내는 듯이 보이는 몸짓을 했다. 이런 말을 듣는 것은 싫단 말이다.

"신과 악마가 동시에 계약하다니, 부끄러운 줄도 모르고."

나는 말했다.

"나폴레옹이 이렇게 말했다는 것을 어딘가에서 읽었습니다. '법왕이 예라고 고개를 끄덕여 준다면, 그것만으로 몇백만 명의 양심을 좌우한다.' 라고. 그러나 브루어닝이 수년 전에 하버드에서 나에게 말한 바로는 힌덴부르크도 법왕보다 나은 행동을 할 수 없었던 것이 비극인 것입니다. 대통령은 헌법을 무시하고 의회의 자문을 받지도 않고 브루어닝을 수상의 지위에서 해임해 버렸지요. 그는 후임에 파펜을 선임했습니다. 파펜은 가톨릭이었습니다만, 힌덴부르크와 같은 계급 출신이었어요. 나는 브루어닝에게 다음과 같은 니체의 말을 떠오르게 했습니다. '독일은 혼란에 대해서 참을 수 있는 모든 것을 알고 있다.' '독일이 권력을 잡았을 때, 언제나 피지배자의 마음에 생기게 하는 깊고 차가운 불신은 몇 세기에 걸쳐서 유럽이 금발의 독일 야수野獸의 분노에서 볼 수 있는 참기 어려운 무서움의 반영反映인 것이다.' 라고 하는 말입니다. 그러나 선생님, 어떻게 하면 좋을까요? 지금도 독일어로 시를 쓰고 있습니다. 그것은 저의 모국어이고 모두가 독일 사람들을 도와야만 된다고 생각하고 있습니다."

"독일 사람들의 마음을 바꾸겠다고 하는 목표를 관철하게."

아인슈타인은 힘을 주어 말했다.

"양심에 근거한 인간의 최고의 품성을 발휘하는 사회를 만들어 나가야 하네. '지성知性을 신神으로 삼지 말라' 고 사람들에게 경고하지 않으면 안 된다네. 지성은 방법을 알고 있지만 감각이 인식하는 가치에 대해서는 거의 알지 못하지. 사람이 창조적인 전체의 일부로서 구실을 다하지 못하면 인간으로서의 가치는 없다네. 참 목적에 등을 돌리고 있기 때문이지."

"아인슈타인 박사님, 선생님을 위해서 시를 썼습니다. 지금까지의 말씀 가운데서 직관直觀에 대해서 말씀하신 일에 자극을 받아서 이 시가 된 것입니다."

〈지성知性이여, 안녕〉

오오 힘 있는 꿈이여
오오 꿈의 힘이여!
너는 사람의 육체를 찢어서
원자의 늑골로 새로 만들어
묵시록을 보기 위해서 비약한다.

오오 혼으로 가득 찬 사랑이여
오오 사랑으로 가득 찬 혼이여!
너의 종언終焉은 어디란 말인가?
그 장소, 블랙홀은 망각의 올가미인가
되돌아 올 수 없는 회전문인가?
죽음 이상으로 죽어 있을까?
도로표지판은 경고한다, …… '아마겟돈' 이라고.

이 표지標識에 충격을 받은 젊은이가 부르짖는다.
이젠 나의 것이 아닌 지성知性이여 안녕이라고.
안녕 능글맞은 지성이여. 나의 혼이야말로 유일한 재산.
나의 직관直觀은 동포를 해방하기 위한 자산資産이리라.

그는 소리를 들었다. "너는 죽임을 당하는 일은 없다.
나의 아들은 죽어서 두 번 다시 살아난 것이다."라고.

**한참 동안 침묵의 시간이 흘렀다. 내가 기록한 것을 정리하자 뒤카 양**

은 한숨 돌린 듯이 숨을 내쉬고, 방긋 웃으면서 "차라도 한잔 하시겠습니까?"라고 물었다. 이 말은 물어볼 것도 없이 "슬슬 물러가 주세요."라고 하는 의사표시인 것이다. 빌은 어두워지기 전에 돌아가지 않으면 안 된다고 말하고, 이를 정중하게 거절했다. 뒤카 양은 일어섰으나 내가 기록한 것을 살펴보고 있는 것을 보고서는 커튼 저쪽에 몇 사람의 손님들이 차를 마시고 있는 곳으로 가버렸다.

그런데 어찌된 일인가? 그러나 메모장에 커다란 글자로 '패트릭'이라고 적어 놓았지 않은가. 그는 내내 입을 다문 채 앉아 있었다. 나는 독일어로 이 젊은이는 공부와 세상에 환멸을 느끼고 자살할 것 같다고 아인슈타인에게 간략하게 설명했다. 아인슈타인은 그에게 시선을 돌리면서 미소지었다.

"팻."

나는 재촉했다.

"아인슈타인 선생님께 묻고 싶은 것은 없는가?"

"아인슈타인 박사님."

팻은 머뭇거리며 말했다.

"믿을 가치가 있는 것이란 정말로 존재할까요?"

아인슈타인은 몸을 앞으로 구부렸다.

"그럼 있지. 나는 사람의 우애友愛와 개인의 독창성을 믿고 있네. 그것을 증명해 보라고 하면 어렵지만. 자네는 전 생애를 걸고 믿을 것을 확인해 볼 수 있지. 그리고 설명을 덧붙일지도 모르지만 그것은 전혀 무익하겠지. 그렇지만 신념이란 우리들의 이 존재와 같은 것으로서 그것은 사실이지. 아직 믿을 만한 것을 발견하지 못했다면 자신이 무엇을 느끼고 무엇을 바라고 있는가를 알도록 노력해 보게."

두 사람이 이야기하고 있는 사이에 나는 그들의 대조적인 모습에 마음이 끌리고 있었다. 팻은 하버드 대학 학생의 전형적인 모습이었다. 캐주얼 바지에 스포츠 재킷을 걸치고 있고, 타이를 정확하게 매고 덥수룩한 머리칼을 잘 다듬고 있었다. 그런데 아인슈타인 쪽은 60세를 훨씬 넘었는데도 어느 시대의 인간인지 도무지 알 수가 없었다. 입은 옷까지도 시대를 초월하고 있었다. 낡아빠져 주름도 없어진 헌 바지에 색깔이 바랜 푸른 스웨터에 샌들을 끌고 있는 모습으로 수년 전에 고등학술연구소에서 만났던 그때의 그 모습 그대로였다.

그는 약 25년 전에 베를린의 기분 좋은 가구들이 놓였던 아파트에서도 그랬던 것처럼 목덜미를 대담하게 드러내 놓고 있었다. 그때도 그는 "타이 같은 것은 매고 싶지 않다."라고 확실하게 주장하고 있었다. 그리고 지금은 그 목 위에 수세기를 살고도 아직 늙을 줄 모르는 족장族長처럼 흰 백발 머리칼이 있었다. 우리 18세의 학생은, 나중에 아인슈타인과 이야기하고 있는 동안에 영원의 존재를 느꼈다고 말해 주었다.

그렇지만 "경험은 진실을 가져오는 것일까요?"라고 질문을 던진 팻 쪽은 계속 현세에 있었던 것이다.

"그것은 어려운 질문이군."

아인슈타인은 따뜻한 아버지의 어투로 대답했다.

"사물을 볼 때 진실이라는 관점에서 생각해서는 안 된다네. 왜냐하면 진실은 생각하는 마음에만 존재하는 개념일 뿐이며 개념을 다루는 명제의 모양으로만 표현되기 때문이지. 우선 실재로 접촉하는 것부터 시작하지 않으면 안 되네. 그 다음에 그것을 둘러싼 이론을 구축함으로써 실재實在의 지적知的 이미지를 형성하는 거지. 처음 관측하고 그 다음 수학적 수법을 구사해서 관측한 것을 구체화하는 것이지. 실재하는 것은 이렇게 해서 진실이 되는 거야."

나는 덧붙였다.

"진실이란 사막에 세워진 아름다운 조각상과 같은 것이라고 들은 적이 있어요. 바람이 그것을 묻어버리려 하기 때문에 사람들은 항상 모래를 쓸어내지 않으면 안 된다는 이야기였어요."

"그렇게 하는 것이 우리들 한 사람 한 사람의 의무이지."

아인슈타인은 말했다.

"경험과 무연無緣한 지식을 얻기 위해서도 그렇지. 만약 순수사고純粹思考로 생각한다면 실재實在를 완전히 이해할 수 있지. 경험은 유용하게 쓰일지 모르지만, 경험이 없어도 물리적 실재의 범위를 확대할 충분한 이유가 있네. 이 눈에 보이는 태양계의 그늘에는 많은 보이지 않는 태양계가 있는데, 그것을 확인하기 위해서 현장에 가야만 할 필요는 없지."

"진실은 인간 한 사람의 마음 속에 있는 것이 아닌지요?"

나는 대화에 끼어들었다.

"진보는 직관에 의해서만 달성되는 것으로서, 지식의 축적에서가 아니라고 언젠가 말씀하셨지요."

"그것은 그렇게 단순하지는 않지만."

아인슈타인은 대답했다.

"지식도 역시 필요하지. 직관적인 어린아이라도 다소의 지식이 없으면 아무것도 못하지 않는가. 그러나 어떤 사람이라도 정확한 지식 없이 직관만이 달성할 수 있는 부분이 있기 마련이지. 어찌해서 그렇게 되는 것인지를 몰라도 직관은 사실로서 받아들여지지 않으면 안 된다네."

느닷없이 빌이 말했다.

"이 젊은이는 항상 과학에서 굉장한 재능을 보여 왔습니다. 그러나 지금은 그저 곧 바로 좋은 결과를 낼 것인가 장기적으로 계획해야 할 것인가에 관계없이 왜 업적을 올리도록 노력하지 않으면 안 되는지를 의문으로 여기고 있는 것입니다. 현재 그는 인생이 살 가치가 있는 것인지를 모르고 있습니다."

아인슈타인은 조금 놀란 듯이 팻 쪽을 돌아보았다.

"아인슈타인 선생님."

나는 말했다.

"그의 문제는 세계 청년들의 문제입니다. 그들은 우리 기성 세대가 하는 일을 불신하고 있습니다."

아인슈타인은 미소를 띠면서 말했다.

"의심하는 것이 어째서 좋지 않은가? 나는 남이 말하는 모든 것을 의심했네. 스스로 해답을 찾으려고 했지."

그리고 팻 쪽을 향하면서 물었다.

"빛의 입자적이면서 파동적인 양면성 문제에 흥미가 없나?"

"대단히 많은 흥미를 가졌습니다."

"그렇다면 어째서 '나는 왜 물리학을 전공하지' 라는 의문을 갖나? 한평생 골치 아프게 할 정도의 문제가 아니지 않나? 자기의 직관을 믿게나. 물론 여러 가지 다양한 생각이 떠오르겠지만 그 하나하나를 주의 깊게 음미해 가야 하네. 자네에게는 선택할 자유가 있지만 소설가 흉내는 내지 말도록 하게. 그러지 말고 글자 맞추기 놀이를 풀어가는 것처럼 하게. 그렇게 하면 단 하나, 딱 들어맞는 한 조각이 나오네. 보기를 들면 기하학의 방정식에는 여러 가지가 있지만 자신의 감각에 딱 들어맞는 방정식은 하나밖에 없는 것처럼."

"올바르게 생각하고 있는지 없는지는 어떻게 알게 되는 것입니까?"

팻이 물었다.

아인슈타인은 의자에 기대어 있다가 급히 몸을 앞으로 내밀었다.

"왜 의문스럽게 여기는지를 생각하지 말게나. 그저 의문이 나아가는 대로 하면 되네. 해답이 나오지 않는다고 걱정할 필요도 없어. 모르는 일에 설명을 붙이지 말아야 하네. 호기심에는 그 나름대로의 이유가 있지. 영원한 비밀, 생명의 신비, 그리고 실재의 배후에 있는 놀라지 않을 수 없는 체계의 신비를 생각할 때, 두려움을 느끼지 않는가? 그래서 보기도 하고 느끼기도 하고 만져보기도 하는 것을 설명하는 도구로 삼아서 그러한 체계와 개념과 공식을 사용하는 것이 사람 마음의 불가사의한 것이라네. 매일 조금씩 이해하도록 노력하게. 성스러운 호기심을 가져야 되지."

나는 말에 끼어들지 않으면 안 되었다.

"버트란드 러셀이 그 문제에 대해서 글을 쓴 것이 있습니다."

그러고 나서 노트에서 다음과 같은 말을 인용했다.

아인슈타인의 수법을 일련의 학생 지도요령으로 받아들이기는 어렵다. 그 비결은 다음과 같이 해석되기 때문이다.

"우선 걸출한 재능과 모든 것을 포괄하는 상상력을 몸으로 익히고 난 뒤에 공부하고, 그 뒤는 깨달음이 찾아오는 것을 기다리라."

"그래."

아인슈타인이 말을 덧붙였다.

"칭찬을 받고나서 잘못 되는 것을 피하는 유일한 방법은 일을 계속하는 것이지. 사람이란 아무래도 손을 놓고 그런 소리에 귀를 기울이기 쉽네. 귀를 막고 일을 계속하는 것이 제일이지. 일하는 것 그것뿐일세."

# 성스러운 호기심을 가져라

아인슈타인이 그렇게도 애정과 걱정을 기울여 팻과 이야기를 나누고 있는 동안, 나는 아인슈타인의 이웃 가족들의 이야기를 떠올리고 있었다. 매일 점심식사를 마치고 나면 어떤 작은 소녀가 틀림없이 공책을 갖고 사라지는데, 물어보면 산수 공부를 도와주는 남자를 만나러 가고 있다고 할 뿐이었다. 걱정을 한 어머니는 어느 날 뒤를 좇아 따라가 보니 소녀는 공원에 들어가 의자에 앉아서 어떤 남자에게 공책을 펼쳐 보이는 것이었다.

어머니는 자기의 눈을 믿을 수 없었다.

"아인슈타인 선생님, 딸아이가 매일 공부하는 것을 도와주셨다니 수고가 많으셨죠?"

"별말씀을요."

아인슈타인은 말했다.

"그뿐만이 아니라 항상 쿠키까지 받아먹어 버려서."

때를 엿보아서 나는 말했다.

"어떤 학생에게 지식의 이론에 관한 책을 쓰신다고 말하신 것을 들은 것 같은데요?"

"시간이 있으면 내가 쓸 작정이야."

아인슈타인이 대답했다.

"감각적 지식에 관한 과학개념의 역사를 쓰려고 생각하고 있네. 개념에 따라서 경험을 관찰하는 일과, 개념을 경험 정리에 적용하는 일은 전혀 다른 문제이지. 나는 자주 학생들에게 개념과 감각경험은 '스프와 비프beef와의 관계'라고 하기보다도 '외투와 빌린 외투 보관장의 번호와의 관계' 같은 것이라고 말하고 있네."

팻이 말을 가로막았다.

"어떻게 하면 제 자신과 주위의 모든 일에 관한 의문을 떨쳐버릴 수가 있을까요?"

아인슈타인은 두터운 눈썹을 내려서 천천히 신중하게 대답했다.

"먼저 너 자신과는 관계없는 영원한 세계를 믿지 않으면 안 된다네. 그 다음 그를 지각知覺하는 자신의 능력을 믿고, 마지막에 개념 또는 수학적 체계에 따라서 그를 해석하도록 노력해야 하지. 단 전통적 개념을 다시 검토하지도 않고 항상 받아들여 버려서는 안 되지."

여기서 아인슈타인은 웃었다.

"이렇게 해서 자네가 훌륭한 이론을 발견해서 나의 상대성이론이 뒤집혀지기라도 하면……."

나는 웃었다.

"선생님, 선생님은 '진실이 눈앞에 있는데도 아름다운 환상처럼 사라져 버린다.'라는 헌사獻辭를 적어서 친구분에게 사진을 보낸 적이 있었지요. 무엇에 그렇게 환멸을 느꼈습니까? 사람에게 였습니까?"

"그렇지 않네."

아인슈타인은 미소를 띠었다.

"나의 목표는 물리학의 통일에 있었네. 벌써 20년 이상 걸려서 전기역학電氣力學과 양자론量子論을 상대성이론에 집어넣으려고 해 왔으나 잘 되지 않고 있어."

그는 젊은 물리학 전공 학생 쪽으로 향해 돌아앉았다.

"이 세계는 인간이 이해 가능한 하나의 통일체로서 창조되었다고 믿지 않으면 안 된다네. 물론 이 통일된 창조를 탐구하려면 거의 무한한 오랜 시간이 걸리지. 그러나 물리학의 통일이 나의 최고의 성스러운 직무이네. 단순성이 이 우주의 기준criterion이야."

"구체적으로는 어떤 것입니까?"

팻이 물었다.

"우리들의 목적은 말이야……."

아인슈타인은 설명을 시작했다.

"자연현상을 설명하기 위해서 필요한 최소한의 개념을 개발해서, 그들을 이어주는 이론 관계를 찾아내는 데 있어. 그리스의 탈레스Thales[13]는 물이 기본 물질이라고 했네. 마침내 분자집단이 고체, 액체, 기체로 환원還元되었지. 지금의 과학은 1차계와 2차계에 대한 감각적 인상을 통일하려고 해서 3차계를 다루고 있어. 나는 아직 수학을 철저하고 완벽하게 다루지 못했네. 정점을 목표로 삼아 그저 올라가기만 하고 있어. 모든 자연현상을 하나의 공식으로 간추리려고 벌써 20회 이상 시도해 보았지. 모

---

13) 탈레스(Thales): 기원전 624?~546?에 살았던 그리스 최초의 철학자. 밀레토스학파의 시조이며 만물의 근원을 '물'이라고 했다.

든 수학체계를 사용했지만 아무래도 잘 되지 않아."

나는 아인슈타인에게 나의 의견을 내놓았다.

"그런 일을 하셔서 몸에 지장은 없으신지요? 오래전부터 몸 상태가 좋지 않으시다는 말이 있던데요."

아인슈타인은 내 쪽을 향하고 나서, 그러고는 한 사람 한 사람씩 쳐다보고서는 이렇게 물었다.

"나도 드디어 늙었다고 생각하나?"

그리고 내 쪽을 돌아보고서 말했다.

"전혀 문제 없네."

그러나 조금 있다 이렇게 말을 덧붙였다.

"아니 조금 있지. 그것은 과학 때문이야. 우리 동료의 많은 이들이 미국뿐만 아니라, 전 세계에 무엇이 코앞에 다가왔는지를 모르고 있어. 그것은 인류의 집단 멸망이야."

팻이 신호를 보내는 듯 이쪽을 보기에 나는 이렇게 말했다.

"선생님은 독일에 계실 적에 '과학자는 인류의 멸망이 아니고 인류의 이익이 되도록 자연의 힘을 이용하는 지식을 제공해야만 된다.'라고 말씀하셨습니다. 초국가정부를 만든다고 하시던 계획에 다른 과학자들이 좀처럼 따라오지 않는 것은 어째서입니까?"

그는 대답했다.

"마음을 바꿔 먹기 싫어하기 때문이지. 모든 문제의 밑바탕에는 탐욕스러운 인간의 수성獸性이 있어. 군사적 패권을 추구하는 것만큼 국가로서 위험스런 것은 없네. 그것은 미국과 러시아의 쌍방이 갖고 있는 계획이지. 나는 이전부터 군산복합체軍産複合體가 인류를 멸망시킬 것이라고 몇 번이나 호소했네. 특히, '검劍을 쓰는 자는 검에 의해서 망한다.'라고 하는 속담을 잊은 무지한 정치가들이 젊은이에게 군인정신을 불어 넣으려 하는 경우에는 말이지."

그는 나를 노려보면서 말을 계속했다.

"현실적으로, 단 몇 달 사이에 수십 만의 젊은이들이 전사한 Verdun의 싸움터에서 살아남은 증인이 여기에 있지 않은가."

나는 말에 끼어들었다.

"Verdun의 전사자는 75만 명인데, 부상자는 적어도 같은 수에 이릅니다."

아인슈타인은 고개를 끄덕였다.

"물론 아무도 귀를 기울이려고 하지는 않네. 그러나 우주적 양심을 창조하지 않으면 모두 틀림없이 멸망해 버리고 말지. 그렇기 때문에 내일의 정치를 걸머질 젊은이들과 더불어 개인 차원에서부터 그 일을 시작하지 않으면 안 된다네."

그는 다시 나를 보고 말했다.

"황제는 병사의 양심을 얻으려 했어. 그리고 수년 뒤에 히틀러가 자기를 '독일의 양심이다.'라고 말한 것을 모두가 기억하고 있네. 그러나 자기의 양심에 대해서 개인이 가져야만 할 책임을 다른 사람에게 하물며, 국가에 돌린다는 것은 얼토당토않은 일이지. 이런 생각을 갖고 있기 때문에 나는 고립되는 거야."

나는 지금의 독일에 대해서 물었다.

"호이스 대통령은 충격을 받고 있었습니다. 제게 말하기로는 선생님께 독일로 귀국하시기를 요청하는 장문의 편지를 써서, 선생님이 겪으신 재난의 모두를 보상하고자 약속했는데도 선생님은 다음과 같은 쌀쌀맞은 답장만을 보내셨기 때문이지요."

대통령은 내가 6백만 유대인 학살을 잊을 것이라고 생각하십니까? 그것은 친위대의 소행이었다고 해도 아무런 의미가 없습니다. 그들도 독일 사람이 었지 않습니까? 역사는 한 사람의 인간이 만들어 내는 것이 아니라 대중에 의해서 만들어지는 것입니다.

아인슈타인은 대답했다.

"자기의 목숨이 다른 동포보다도 더 소중하다고 여기는 그런 사람들, 독일 사람은 특히 그렇지만 살 자격이 없다고 생각하네. 나는 항상 태어나서부터 정의감과 책임감을 갖고 있었어."

그렇게 말하고 그는 싱글벙글 웃었다.

"그러기에 독일 사람에게 그만큼 미움을 받았지 않았을까? 바람직한 인간을 만들어 내는 그런 국가는 신용하지 않고, 악대에 보조를 맞추어 행진하는 그런 인간도 싫단 말이야. 체제에 의한 영웅주의만큼 경멸해야 할 것은 없네. 이 나라의 젊은이를 보게. 이것이 기독교 문화라고 하는 것이란 말이야!"

그는 내 쪽을 향했다. 감정적인 화제임에도 그의 흰 머리와 커다란 갈색 눈은 고요했다.

"쉰 주교에게 나에 대한 무엇인가를 말하지 않으면 안될 것 같거든, '거짓말을 하지 않는 정직한 사람이었다.' 라고 말해 주게."

잠시 침묵이 흐른 다음, 아인슈타인은 이렇게 말했다.

"헤르만 박사, 젊은이들과 행동해야 하네. 사람의 마음을 바꾼다고 하는 목표를 단념해서는 안 된다네. 힘에 부칠지는 몰라도 해 볼만한 보람이 있어. 그것이 어떤 것인가를 아는가? 처음엔 사람이 우상화되지만 마침내 짓밟히고 마지막에는 저주를 받게 되지. 그러기에 라인 강 사람의 기질을 잊지 말도록 하게. 고독한 사람이 되어야 하네. 그렇게 하면 좋은 시를 쓸 시간도 생기게 되지."

아인슈타인은 팻 쪽을 보았다.

"고독한 사람이 되게나. 그러면 진실을 찾아서 이것저것을 생각할 시간이 생기지. 성스러운 호기심을 가지란 말이야. 인생을 살 가치가 있는 것으로 만들라는 말이지."

아인슈타인은 그러고 나서 나를 돌아보았다.

"진실에는 흔들리지 않는 태도로 임하고, 지성을 양심에 봉사하는 것으로 하지 않겠는가. 우리 유대인들에게는 히브리어로 사랑과 정의를 뜻하는 'mispat'이라고 하는 말이 있네. 정의를 빠트리고 사랑을 말하는 종교가 너무 많아. 모든 사람들에게 바람직한 상황이 존재하지 않는 한, 또 종교가 어떠한 교의敎義를 갖는가에 관계없이 전 세계의 인류로서 바람직한 상황을 만드는 일을 최대의 의무로 생각하지 않고서는 사랑과 정의는 타락해 버리고 마네."

"아인슈타인 선생님, 이전에 제임스 목사와의 대화가 교회 내의 집회에서 말썽을 일으키고 있다는 것을 전해 드린다는 것을 잊어 버렸습니다."

아인슈타인은 미소지으면서 손을 가슴 위에 얹었다.

"이 통증이 그들 때문이 아니기를 바라네."

"젊은이들이 선생님과의 대담을 읽어보기를 바라고 있습니다. 그러므로 대담 내용을 그들에게 바칠 생각입니다."

"자네의 시 쪽이 나보다 많은 것을 말하고 있지. 〈VERDUN〉 시에 깊은 감명을 받았네."

"선생님을 본받아 젊은이들을 도와주는 역할을 할 결심입니다."

"젊은이들의 본보기라면 나보다 월등히 훌륭한 분이 있지."

나는 말했다.

"마음을 바꾼 사람을 보기로 든다면 러시아에서 몇십 만이 넘는 포로들을 구한 엘자와 조그마한 중립국인 스웨덴의 시민을 잊을 수는 없습니다."

"그렇고말고."

아인슈타인은 힘을 주어 탁자를 두드렸다.

"그리고 전쟁을 포기한 이 멋진 나라는 라울 발렌버그Raoul Wallenberg[14]를 낳았지. 그가 헝가리의 수만 명의 유대인에게 스웨덴 여권을 발급해서 '아이히만Eichmann의 독가스실'에서 구해 낸 이야기를 살아남은 사람들로부터 들었을 때, 나는 1949년의 노벨평화상 후보에 그를 추천했었어. 그는 최후의 한 사람에 이르기까지 유대인을 도울 길을 선택했기 때문에 소비에트군에서 도망칠 수 없었지. 그는 체포되어 나치의 첩자로 선고를 받아 시베리아의 형무소에 보내져, 스웨덴의 공식 항의에도 불구하고 지금도 그곳에 있다는 이야기야."

"그럼 이 두 사람의 우주적인 인간에게도 제 책을 드리기로 하지요. 그리고 이 시도."

---

14) 라울 발렌버그(Raoul Wallenberg): 스웨덴의 귀족 출신으로 건축가였는데, 헝가리의 유대인 난민구원을 결정한 스웨덴 정부의 특명 외교관으로서 1944년 7월 부다페스트에 부임. 유대인에게 스웨덴의 여권을 발급하기도 하고, 병원과 탁아소를 설치하는 등, 적극적인 유대인 보호활동을 전개했다. 그러나 헝가리에 진주한 소비에트연방 점령군에 체포되어 행방불명이 되었다.

〈그리스도〉

나는 다른 이를 향해서 벌리기 위해서 손을 주었다.
그들은 나의 손이니라.
나는 동포들에게 다가가기 위해서 발을 주었다.
그것들은 나의 발이니라.
나는 고독한 싸움을 알기 위해서 마음을 주었다.
그 고동鼓動은 나의 고동이니라.
그래서 빛나는 태양이 바다에 대지에 생명의 숨을 갖도록
손과 마음으로 일어서 걷고 축복하라.
너희는 나이고 나는 너희들의 일부이기 때문에.


아인슈타인은 손으로 머리칼을 쓰다듬었다.

"사람의 마음을 바꾸지 않으면 안 된다네."

휘장揮帳이 움직이는 것이 보였다. 이쪽에는 머리를 기울이고 듣고 있는 팻과 흥분된 몸짓으로 자기의 설명을 전개하는 아인슈타인이 있었다. 그러나 회색 휘장이 다시 흔들거렸다. 그것만이 시간과 공간을 인식하고 있는 것처럼. 나는 독일말로 아인슈타인에게 빌이 사진을 찍어도 좋으냐고 물었다.

"하하!"

그러자 그가 웃었다.

"또 기념사진인가. 알았네."

그는 우리들을 현관으로 안내했다. 빌이 사진기를 준비하고 있는 사이에 팻이 한 나무를 가리켰다.

"저 나무가 참으로 나무라고 할 수 있다면, 그리고 만약 그렇다고 한다면 그것이 어떤 의미가 있을까요?"

"이것은 모두 꿈일지도 모르지."

아인슈타인은 담담하게 대답했다.

"너는 저것을 한번도 보지 않았을지도 몰라. 그러나 무엇인가를 가정할 필요가 있어. 대우주macrocosm와 소우주microcosm의 중간에 존재하고 있음을 만족스럽게 생각해야 해. 조용히 잠시 멈췄다 불가사의한 마음을 갖는다. 성공한 사람이 아니고 가치 있는 인간이 되고자 노력해야 되지. 주위의 사람들이 얼마나 인생에 쏟아 부은 것 이상의 것을 얻으려 하고 있는가를 보게나. 가치 있는 인간은 자기가 받은 이상의 것을 남에게 주는 법이지. 창조적인 사람이 되게. 그러나 자기가 만들어 낸 것이 인류에게 재앙災殃이 되지 않도록 확인하지 않으면 안 되네."

# 예언자 아인슈타인

사진을 찍기 위해서 자리 잡기를 하고 있던 빌이 반론했다.

"그러나 선생님의 방정식은 악용되었지 않습니까?"

"자주 그런 말을 듣네."

아인슈타인은 말했다.

"미국인으로서 루스벨트 대통령에게 독일이 최초로 원자폭탄을 개발할 가능성이 있음을 알리지 않으면 안 된다고 생각했지. 지금 생각하면 편지를 쓰기 전에 한 번 더 생각했어야 했는데 말이야. 현재 군축이 검토되고 있지만 그것으로 전쟁이 완전히 없어지는 일은 없을 거야. 군수산업은 너무나도 강대해. '평화를 바라거든 전쟁에 대비하라.' 라고 하는 속담은 벌써 거짓말이 되었어. 그러기에 전쟁으로 이어질 상황을 바꾸지 않으면 안 되지. 그런데도 이 나라에서는 어린이들이 아직도 총을 장난감으로 삼아 놀고 있어."

최후의 대화 때의 아인슈타인과 저자(1954년)

팻이 물었다.

"제3차 대전이 일어나면 어느 정도 사람이 살아남을 것 같습니까?"

"아주 소수야. 인류가 한 번 더 새로 살아가기에 충분한 수는 남겠지. 그러나 모든 생명체들이 영향을 받게 될 거야."

"그렇지만 세계가 오염되어 있다면 어디에서 삽니까?"

내가 물었다.

아인슈타인은 어깨를 움츠렸다.

"동굴洞窟이 아니겠는가. 그래서 제4차 대전이 일어난다고 한다면 곤봉으로 싸우겠지."

휘장揮帳 뒤에 들어가 있기만 하던 뒤카 양이 밖으로 나와서, 거리 한가운데 서 있는 차에서 이쪽을 영화로 촬영하고 있으니 주의해 달라고 했다. 이것이 대담의 끝이었다. 아인슈타인은 서둘러 망이 쳐진 문안으로 들어가고, 목 둘레에 치렁치렁한 긴 백발이 힐끗 눈에 띄였다. 한 순간 나는 지상에서 사람이 절대로 도달할 수 없는 영역에까지 솟아 있는 산을 얼른 상상했다. 사람이 겨우 올라갈 수 있는 좁은 길밖에 없는 산을.

모두 배가 고팠기 때문에 빌은 프린스턴으로 차를 달려서 성대한 식사를 사 주었다. 나는 양주를 한 병 주문해서 모두가 우리들의 기백에, 휘장에, 그리고 특히 생각했던 것보다 도량이 컸던 비서를 위해서 건배했다.

팻은 갑자기 우울해 보였다.

"아인슈타인은 뭐라고 말씀하셨어요? 제3차 세계대전이 일어난다고 하나요?"

"아마도……."

나는 대답했다.

"그 다음에 곤봉으로 싸우는 제4차 세계대전이 일어나게 되지. 독일의 학교에서는 '평화는 전쟁의 연속'이라고 배웠어. 그렇지? 팻. 너희들의 세대가 세계적인 청년운동단체를 조직해서 군軍과 거대산업의 강력한 유착癒着을 절단하는 새로운 윤리를 세우지 않으면 제3차 세계대전은 곧 바로 시작되고 말 거야. 외교술로 전쟁에 호소하는 전통적 사고를 변하게 하는 것이 너희들의 역할이야."

돌아오는 길에 우리들은 한참 동안 그런 생각에 깊이 빠져들었다. 돌연히 팻이 말했다.

"아인슈타인 선생님은 예언자 같아요. '성스러운 호기심을 가져야 한다.'는 그 말씀은 결코 잊을 수 없어요. 헤르만 교수님, 그분이 말한 것이 아니고 그의 영혼이 제 영혼에게 말한 것 같은 느낌이 들어요."

나는 대답했다.

"아인슈타인은 예언자이지!"

* * * * * * *

알베르트 아인슈타인은 1955년 4월 18일에 별세했다. 그는 자기의 뇌를 과학을 위해서 제공했고, 그 이외의 신체는 화장하도록 유언했다.

# 아인슈타인의 의발衣鉢을 이어서

전쟁터 순례와 아인슈타인으로부터 이어받은 유지遺志를 계기로 오랜 세월 동안 친하게 지내온 Verdun의 빌리온Boillon 주교는 1982년 10월에 Verdun에서 개최된 '전쟁희생자와 평화의 도시 · 세계연합' 의 제1회 국제평화대회에서 연설하도록 나를 초대해 주었다.

Lidice, Warsaw, Coventry 그리고 Volgograd 시장들에게 소개되어, 히로시마 대표의 손을 잡은 자리에서 나는 걸음을 멈춰 섰다. 다음과 같은 말이 목구멍까지 나오고 있었다.

"아인슈타인은 제게 원자폭탄은 일본 최고 사령부의 임석 하에서 태평양의 무인도에서 폭발시킬 것을 건의했으나, 트루먼 대통령의 군사고문들이 이 제안을 거부해 버렸다고 했습니다. 아인슈타인이 그 비극을 들었을 적에 그는 아무와도 만나는 것을 거절하고 8일간 상복喪服을 입고 들어앉아 있었습니다."

그러나 아인슈타인의 영혼이 이렇게 속삭여 주는 것 같은 느낌이 들었다.

"나를 변호하지 말라고 말한 것을 잊었나?"

결국 이 불교의 승려와 이야기를 나누지는 않았지만 다른 종교가의 얼굴이 나의 마음에 떠올랐다. 그것은 풀턴 쉰이었다.

쉰 주교는 당초 '유대인은 타자他者 집단이다.' 라고 하는 계급적 생각에 적극적으로 따르고 있었다. 그리고 아인슈타인의 우주적 종교사상을

'cosmic' 에서 's'를 떼어내면 진품이 되는 'comic =우스움' 등으로 말하면서 코웃음을 치고 있었다. 나의 오랜 친구이기도 한 쉰 주교는 아인슈타인과 내가 대담한 내용의 일부를 읽고 생각이 바뀌어 후회하는 마음으로 나를 통해서 뉴욕에서 아인슈타인에 관한 특별 방송 프로그램을 제작할 허가를 받으러 나선 것이었다.

그러나 아인슈타인은 이를 거부했다. 가톨릭을 대표하는 가장 유명한 설교자의 입에서 가톨릭 교도는 생각을 바꾸었다고 하는 비난을 받아도 아인슈타인은 그런 것은 마음에 생각지 않는다. '노우'라는 대답을 쉰 주교에게 전했을 때, 때로는 상사의 의견을 처음부터 거슬러 온 그가 어찌해서 추기경이 되지 못했던가를 겨우 알게 되었다. 만약 수세기 전에 그가 살아 있어서 종교 재판소로 향하던 장사진 행렬에 끼어 있었다면, 갈릴레이의 명예로운 동료가 되어 있었을 것이다.

이런 일들을 스탠퍼드 대학에서 상세하게 이야기했을 때, 학생들로부터 "만약 아인슈타인이 가톨릭 교도였다면 로마 교황청은 그를 성인의 대열에 세울 것을 인정했을 거야."라고 하는 말을 들었다.

나는 이렇게 대답했다.

"아인슈타인의 시신을 태운 재는 그가 바라던 대로 머나먼 길을 물에 실려서 망각忘却의 대해大海로 흘러들어 갔습니다. 만약 이 세상에 다시 태어난다면 과학자보다도 구두 깁는 직공이 되고 싶다고 한 이 사람에 대해서 후세를 위해서 무엇인가를 적어 달라는 요청을 받는다면 젊은이들을 향해서 다음과 같은 편지를 쓰고자 합니다.

'우주적 종교와 세계청년회의를 창설하고자 한 아인슈타인의 바람을 실현함에 있어서, 세계의 청년들은 개인의 평등에 어울리는 정신적인 양식으로 스스로의 양심을 기르지 않으면 안 되는 것을 명기銘記해 주십시오. 거의 70년 동안, 나는 자신의 맹서를 〈신이여, 당신의 평안을 위해서 나를 써 주세요.〉라고 한 아시시의 Francis가 한 말이라든지 〈당신의 혼을 주시하시오. 그것은 존재의 다음 단계로 발이 짓밟는 융단이기 때문에.〉라고 한 Paramahansa Yogananda's의 말로 보충하면서 반복해서 생각해 낸 것입니다.'

아인슈타인이 시사한 우주적 종교란 전통적 신앙의 종교적 가치를 파괴하는 것이 아니라, 예수가 어머니로부터 배운 '들으라, 오 이스라엘이여, 우리들의 신, 주는 한 사람'이란 말과 조화를 이루어 이스라엘의 제자들에 대한 도발 '당신들은 나보다 더 큰 재주를 부리게 된다. 내가 아버지가 계시는 곳에 가니까.'를 허용하는 자者까지도 포함하고 있는 것입니다. 그래서 우주적 인간이 모이는 집에 들어가는 입구에 아인슈타인을 기념하는 다음과 같은 어록을 젊은 여러분들이 써 주시기 바랍니다."

"구원은 자기 인지自己認知에 있다. 마지막 내면內面의 자기-절대법칙絕對法則 혹은 신-에게로 이르는 길이다."